U0366356

建筑施工特种作业人员安全技术考核培训教材

施工升降机司机

住房和城乡建设部工程质量安全监管司 组织编写

中国建筑工业出版社

图书在版编目（CIP）数据

施工升降机司机/住房和城乡建设部工程质量安全监管司组织编写. —北京：中国建筑工业出版社，2010(2022.1 重印)

建筑施工特种作业人员安全技术考核培训教材

ISBN 978-7-112-11702-4

Ⅰ. 施… Ⅱ. 住… Ⅲ. 升降机-安全技术-技术培训-教材 Ⅳ. TH211.08

中国版本图书馆 CIP 数据核字（2009）第 243042 号

建筑施工特种作业人员安全技术考核培训教材

施工升降机司机

住房和城乡建设部工程质量安全监管司　组织编写

*

中国建筑工业出版社出版、发行（北京西郊百万庄）

各地新华书店、建筑书店经销

北京红光制版公司制版

天津安泰印刷有限公司印刷

*

开本：850×1168 毫米　1/32　印张：8⅞　字数：242 千字

2010 年 2 月第一版　2022年 1 月第二十次印刷

定价：**21.00** 元

ISBN 978-7-112-11702-4

(18956)

本书作为针对建筑施工特种作业人员之一施工升降机司机的培训教材，紧紧围绕《建筑施工特种作业人员管理规定》、《建筑施工特种作业人员安全技术考核大纲（试行）》、《建筑施工特种作业人员安全操作技能考核标准（试行）》等相关规定，对施工升降机司机必须掌握的安全技术知识和技能进行了讲解，全书共7章，包括：基础理论知识，施工升降机的应用发展及分类，施工升降机的组成，施工升降机的安全装置，施工升降机的安全使用，施工升降机的维护保养与常见故障排除，施工升降机事故案例分析。本书针对施工升降机司机的特点，本着科学、实用、适用的原则，内容深入浅出，语言通俗易懂，形式图文并茂，系统性、权威性、可操作性强。

本书既可作为施工升降机司机的培训教材，也可作为施工升降机司机常备参考书和自学用书。

* * *

责任编辑：刘 江 范业庶
责任设计：赵明霞
责任校对：陈 波 王雪竹

《建筑施工特种作业人员安全技术考核培训教材》编写委员会

主　任： 吴慧娟

副主任： 王树平

编写组成员：（以姓氏笔画排名）

王　乔	王　岷	王　宪	王天祥	王曰浩
王英姿	王钟玉	王维佳	邓　谦	邓丽华
白森懋	包世洪	邢桂侠	朱万康	刘　锦
庄幼敏	汤坤林	孙文力	孙锦强	毕承明
毕监航	严　训	李　印	李光晨	李建国
李绘新	杨　勇	杨友根	吴玉峰	吴成华
邱志青	余大伟	邹积军	汪洪星	宋回波
张英明	张嘉洁	陈兆铭	邵长利	周克家
胡其勇	施仁华	施雯钰	姜玉东	贾国瑜
高　明	高士兴	高新武	唐涵义	崔　林
崔玲玉	程　舒	程史扬		

前　言

建筑施工特种作业人员是指在房屋建筑和市政工程施工活动中，从事可能对本人、他人及周围设备设施的安全造成重大危害作业的人员。《建设工程安全生产管理条例》第二十五条规定："垂直运输机械作业人员、安装拆卸工、爆破作业人员、起重信号工、登高架设作业人员等特种作业人员，必须按照国家有关规定经过专门的安全作业培训，并取得特种作业操作资格证书后，方可上岗作业"，《安全生产许可证条例》第六条规定："特种作业人员经有关业务主管部门考核合格，取得特种作业操作资格证书"。

当前，建筑施工特种作业人员的培训考核工作还缺乏一套具有权威性、针对性和实用性的教材。为此，根据住房城乡建设部颁布的《建筑施工特种作业人员管理规定》和《建筑施工特种作业人员安全技术考核大纲（试行）》、《建筑施工特种作业人员安全操作技能考核标准（试行）》的有关要求，我们组织编写了《建筑施工特种作业人员安全技术考核培训教材》系列丛书，旨在进一步规范建筑施工特种作业人员安全技术培训考核工作，帮助广大建筑施工特种作业人员更好地理解和掌握建筑安全技术理论和实际操作安全技能，全面提高建筑施工特种作业人员的知识水平和实际操作能力。

本套丛书共12册，适用于建筑电工、建筑架子工、建筑起重司索信号工、建筑起重机械司机、建筑起重机械安装拆卸工和高处作业吊篮安装拆卸工等建筑施工特种作业人员安全技术考核培训。本套丛书针对建筑施工特种作业人员的特点，本着科学、实用、适用的原则，内容深入浅出，语言通俗易懂，形式图文并茂，可操作性强。

本教材的编写得到了山东省建筑工程管理局、上海市城乡建设和交通委员会、山东省建筑施工安全监督站、青岛市建筑施工安全监督站、潍坊市建筑工程管理局、滨州市建筑工程管理局、济南市工程质量与安全生产监督站、山东省建筑安全与设备管理协会、上海市建设安全协会、山东建筑科学研究院、上海市建工设计研究院有限公司、上海市建设机械检测中心、威海建设集团股份有限公司、上海市建工（集团）总公司、上海市机施教育培训中心、潍坊昌大建设集团有限公司、山东天元建设集团有限公司等单位的大力支持，在此表示感谢。

由于编写时间较为紧张，难免存在错误和不足之处，希望给予批评指正。

住房和城乡建设部工程质量安全监管司

二〇〇九年十一月

目　　录

1 基础理论知识

1.1 力学基本知识

1.1.1 力的概念

力是一个物体对另一个物体的作用。它包括两个物体，一个是受力物体，另一个是施力物体，其结果是使物体的运动状态发生变化或使物体变形。力使物体运动状态发生变化的效应称为力的外效应，使物体产生变形的效应称为力的内效应。力的概念是人们在长期的生活和生产实践中逐步形成的。例如，用手推小车，由于手臂肌肉的紧张而感觉到用了“力”，小车也受了“力”，由静止开始运动；物体受地球引力作用而自由下落时，速度将愈来愈大；用汽锤锻打工件，工件受锻打冲击力作用发生变形等。人们就从这样大量的实践中，由感性认识上升到理性认识，形成了力科学概念，即：力是物体间相互的机械作用，这种作用使物体的运动状态发生变化，也可使物体发生变形，因此，力不能脱离实际物体而存在。

1.1.2 力的三要素

力作用在物体上，要使物体产生预想的效果，这种效果不但与力的大小有关，而且与力的方向和力的作用点有关。在力学中，把“力的大小、方向和作用点”称为力的三个要素。如图1-1所示，用手拉伸弹簧，用的力越大，弹簧拉得越长，这表明力产生的效果跟力的大小有关系；用同样大小的力拉弹簧和压弹簧，拉的时候弹簧伸长，压的时候弹簧缩短，说明力的作用效果跟力的作用方向有关系；如图1-2所示，用扳手拧螺母，手握在A点比B点省力，所以力的作用效果与力的方向和力的作用点有关，三要素中任何一个要素改变，都会使力的作用效果改变。力的大小表明物体间作用力的强弱程度；力的方向表明在该力的作用下，静止的物体开始运动的方向，作用力的方向不同，物体运动的方向也不同，力的作用点是物体上直接受力作用的点。力是矢量，具有大小和方向。

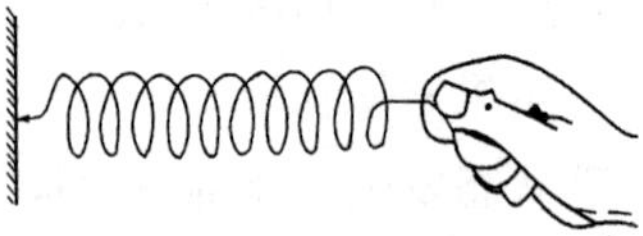

图1-1　手拉弹簧

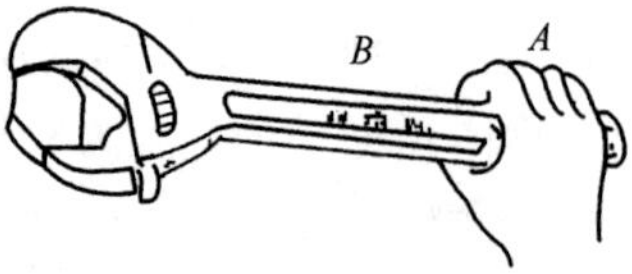

图1-2　用扳手拧螺母

1.1.3　力的单位

在国际计量单位制中，力的单位用牛顿或千牛顿，简写为牛(N)或千牛(kN)。工程上曾习惯采用公斤力、千克力(kgf)和吨力(tf)来表示。它们之间的换算关系为：

1牛顿(N)＝0.102公斤力(kgf)

1吨力(tf)＝1000公斤力(kgf)

1千克力(kgf)＝1公斤力(kgf)＝9.807牛(N)≈10牛(N)

1.1.4 力的性质

经过长期的实践，人们逐渐认识了关于力的许多规律，其中最基本的规律可归纳为以下几个方面：

（1）二力平衡原理

要使物体在两个力的作用下保持平衡的条件是：这两个力大小相等，方向相反，且作用在同一直线上。用矢量等式表示，即 $P_1=-P_2$。

（2）可传性

通过作用点，沿着力的方向引出的直线，称为力的作用线。在力的大小、方向不变的条件下，力的作用点的位置，可以在它的作用线上移动而不会影响力的作用效果，这就是力的可传递性。

（3）作用力与反作用力

力是物体间的相互作用，因此它们必然是成对出现的。一物体以一力作用于另一物体上时，另一物体必以一个大小相等、方向相反且在同一直线上的力作用在此物体上。如手拉弹簧，当手给弹簧一个力为 T，则弹簧给手的反作用力为 $-T$。T 和 $-T$ 大小相等，方向相反，且作用在同一直线上。作用力与反作用力分别作用在两个物体上，不能看成是两个平衡力而相互抵消。

1.1.5 力矩

人用扳手转动螺母，会感到加在扳手上的力越大，或者力的作用线离中心越远，就越容易转动螺母，如图 1-3 所示。力使扳手绕 O 点转动的效应，不仅与力（F）的大小成正比，而且与 O 至力作用线的垂直距离（d）成正比。F 与 d 的乘积，称为力对

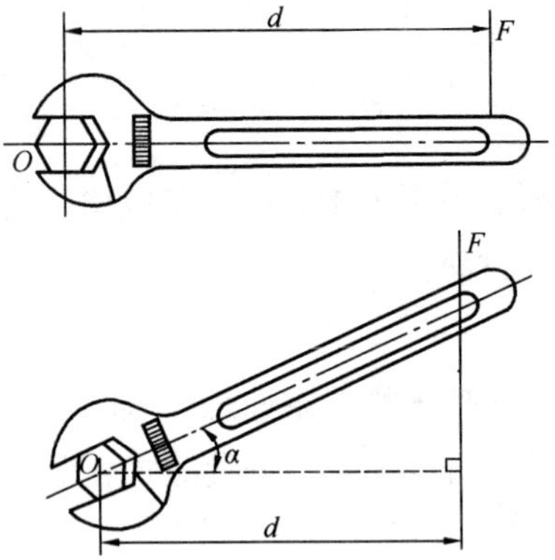

图 1-3　力矩

O点的矩，简称力矩。

（1）合力矩

合力对于物体的作用效果等于力系中各分力对物体的作用效果的总和。力对物体的转动效果，取决于力矩。所以，合力对于平面内任意一点的力矩，等于各分力对同一点的力矩之和。这个关系称为合力矩定理，用数学表达式为：

$$m_0(F)=m_0(F_1)+m_0(F_2)+\cdots+m_0(F_n)=\Sigma m_0(F)$$

（2）力矩平衡

在日常生活中，常遇到力矩平衡的情况。如图 1-4 所示，以杆秤为例，不计杆秤自重，重物对转动中心 O 点的力矩大小为 P_a，秤砣对转动中心 O 点的力矩大小为 Q_b。力 P 对 O 点的矩与力 Q 对 O 点的矩必定大小相等，转向相反，使杆秤处于平衡情况，即 $Qb+Pa=0$，各力对转动中心 O 点的矩的代数和等于零，即合力矩等于零。用公式表示：

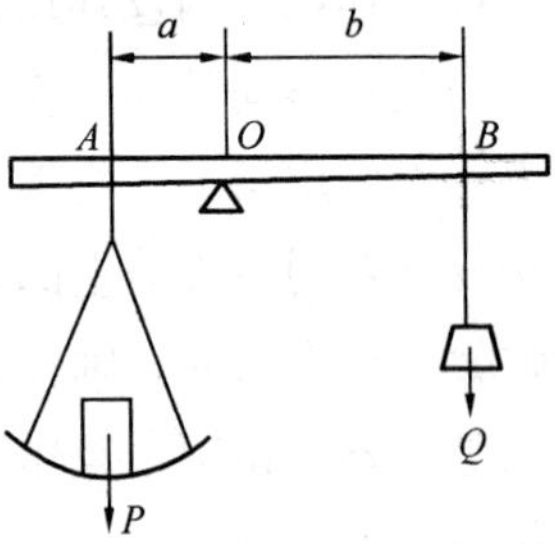

图 1-4　力矩平衡

$$m_0(F_1)+m_0(F_2)+\cdots+m_0(F_n)=\Sigma m_0(F)=0$$

1.1.6　物体质量的计算

物体的质量是由物体的体积和它本身的材料密度所决定的，

我们平常所说的物体的重量近似物体的质量，质量单位为千克（公斤），单位符号 kg。为了正确计算物体的质量，必须掌握物体体积的计算方法和各种材料密度等有关知识。

（1）长度的计量单位

工程上常用的长度基本单位是毫米（mm）、厘米（cm）和米（m）。它们之间的换算关系是 1m＝100cm＝1000mm。

（2）面积的计算

物体体积的大小与它本身截面积的大小成正比。各种规则几何图形的面积计算公式见表 1-1。

平面几何图形面积计算公式表　　表 1-1

名称	图形	面积计算公式
正方形	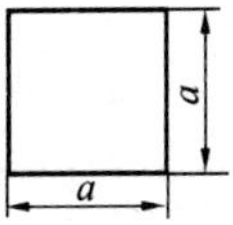	$S=a^2$
长方形	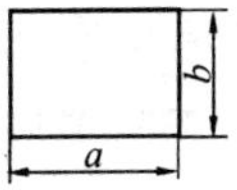	$S=ab$
平行四边形	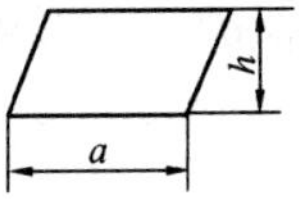	$S=ah$
三角形	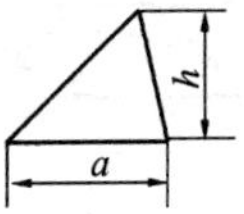	$S=\frac{1}{2}ah$
梯　形	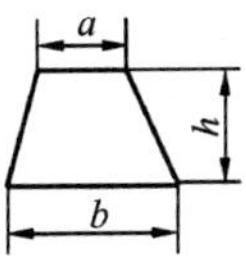	$S=\frac{(a+b)h}{2}$

续表

名称	图形	面积计算公式
圆　形	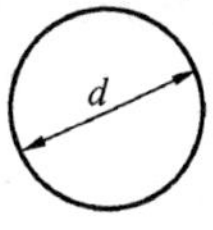	$S=\frac{\pi}{4}d^2$(或 $S=\pi R^2$) 式中　d——圆直径； R——圆半径
圆环形	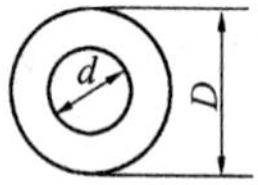	$S=\frac{\pi}{4}(D^2-d^2)=\pi(R^2-r^2)$ 式中　d、D——分别为内、外圆环直径； r、R——分别为内、外圆环半径
扇　形	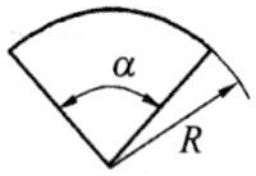	$S=\frac{\pi R^2\alpha}{360}$ 式中　α——圆心角（°）

(3) 物体体积的计算

物体的体积大体可分两类：即具有标准几何形体的和由若干规则几何体组成的复杂形体两种。对于简单规则的几何形体的体积计算可直接由表 1-2 中的计算公式查取；对于复杂的物体体积，可将其分解成数个规则的或近似的几何形体，查表 1-2 按相应计算公式计算并求其体积的总和。

各种几何形体体积计算公式表　　　　表 1-2

名称	图　形	公　式
立方体	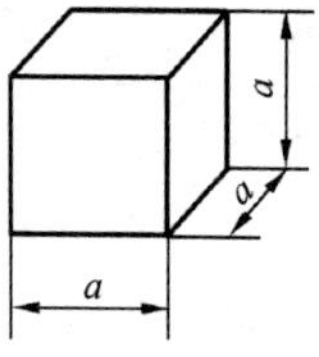	$V=a^3$

续表

名称	图　　形	公　　式
长方体	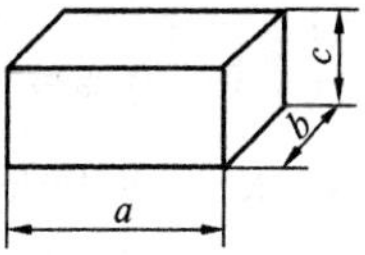	$V=abc$
圆柱体	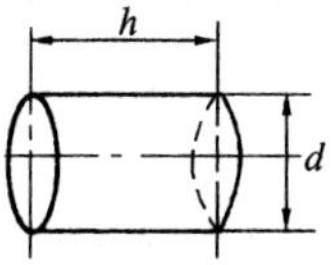	$V=\frac{\pi}{4}d^2h=\pi R^2h$ 式中　R——半径
空心圆柱体	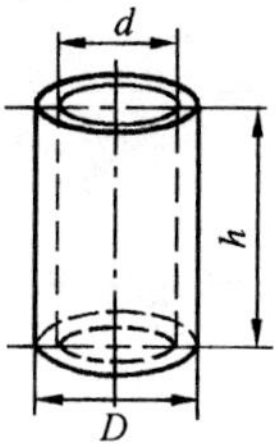	$V=\frac{\pi}{4}(D^2-d^2)h=\pi(R^2-r^2)h$ 式中　r、R——内、外半径
斜截正圆柱体	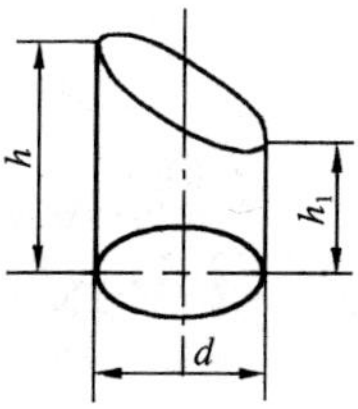	$V=\frac{\pi}{4}d^2\frac{(h_1+h)}{2}=\pi R^2\frac{(h_1+h)}{2}$ 式中　R——半径
球　体	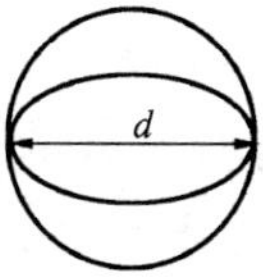	$V=\frac{4}{3}\pi R^3=\frac{1}{6}\pi d^3$ 式中　R——底圆半径； d——底圆直径

续表

名称	图形	公式
圆锥体	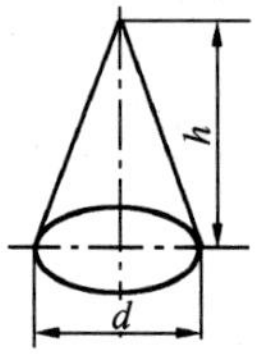	$V=\frac{1}{12}\pi d^2h=\frac{\pi}{3}R^2h$ 式中 R——底圆半径； d——底圆直径
三棱体	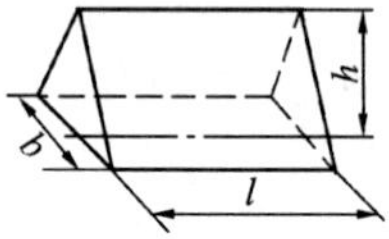	$V=\frac{1}{2}bhl$ 式中 b——边长； h——高； l——三棱体长
锥台	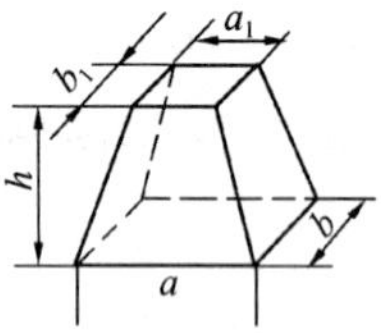	$V=\frac{h}{6}\times[(2a+a_1)b+(2a_1+a)b_1]$ 式中 a、a_1——上下边长； b、b_1——上下边宽； h——高
正六角棱柱体	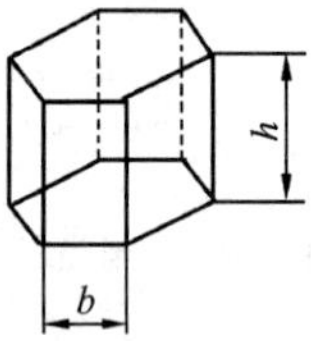	$V=\frac{3\sqrt{3}}{2}b^2h$ $V=2.598b^2h\approx 2.6b^2h$ 式中 b——底边长

（4）物体质量的计算

计算物体质量时，离不开物体材料的密度，所谓密度是指由一种物质组成的物体的单位体积内所具有的质量，其单位是 kg/m^3。各种常见物质的密度及每立方米的质量见表 1-3。

各种常见物质的密度及每立方米的质量表　　　表 1-3

物体材料	密度 $(\times10^3kg/m^3)$	每立方米体积的质量 $(\times10^3kg)$	物体材料	密度 $(\times10^3kg/m^3)$	每立方米体积的质量 $(\times10^3kg)$
水	1.0	1.0	混凝土	2.4	2.4
钢	7.85	7.85	碎石	1.6	1.6
铸铁	7.2～7.5	7.2～7.5	水泥	0.9～1.6	0.9～1.6
铸铜、镍	8.6～8.9	8.6～8.9	砖	1.4～2.0	1.4～2.0
铝	2.7	2.7	煤	0.6～0.8	0.6～0.8
铅	11.34	11.34	焦炭	0.35～0.53	0.35～0.53
铁矿	1.5～2.5	1.5～2.5	石灰石	1.2～1.5	1.2～1.5
木材	0.5～0.7	0.5～0.7	造型砂	0.8～1.3	0.8～1.3

物体的质量可根据下式计算：

物体的质量＝物体的密度×物体的体积，其表达式为：

$$m = \rho V \tag{1-1}$$

式中　m——物体的质量（kg）；

ρ——物体的材料密度（kg/m^3）；

V——物体的体积（m^3）。

【例 1-1】 图 1-5 所示为起重机的料斗，它的上口长为 1.2m，宽为 1m，下底面长 0.8m，宽为 0.5m，高为 1.5m。试计算满斗混凝土的质量。

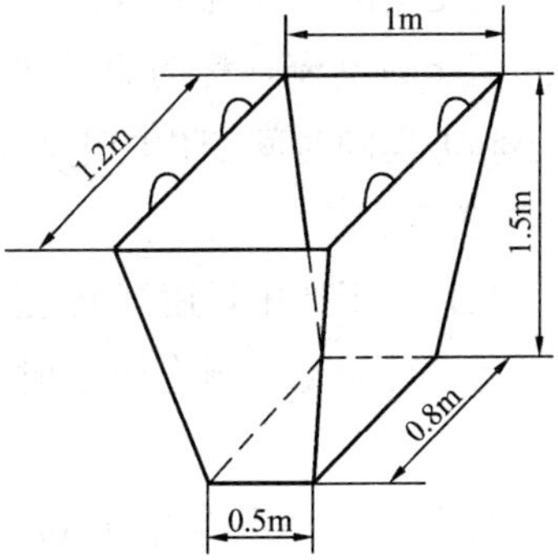

图 1-5　越重机的料斗

【解】：查表 1-3，得知混凝土的密度：

$$\rho = 2.4 \times 10^3 kg/m^3$$

料斗的体积：

$$V=\frac{h}{6}[(2a+a_1)b+(2a_1+a)b_1]$$
$$=\frac{1.5}{6}[(2\times1.2+0.8)\times1+(2\times0.8+1.2)\times0.5]$$
$$=1.15\text{m}^3$$

混凝土的质量：

$$m=\rho V=2.4\times10^3\times1.15=2.76\times10^3\text{kg}$$

混凝土的重量：

$$G\approx m=2.76\times10^3\text{kg}=27.6\times10^3\text{kN}$$

1.2 电工基础知识

1.2.1 基本概念

（1）电流、电压和电阻

1）电流

在电路中，电荷有规则的运动称为电流，在电路中能量的传输靠的是电流。电流不但有方向，而且有大小。大小和方向不随时间变化的电流，称为直流电，用字母“DC”或“—”表示；大小和方向随时间变化的电流，称为交流电，用字母“AC”或“～”表示。

在日常工作中，用试电笔测量交流电时，试电笔氖管通身发亮，且亮度明亮；测直流电时，试电笔氖管一端发亮，且亮度较暗。

电流的大小称为电流强度，简称电流。电流强度的计算式为：

$$I = \frac{Q}{t} \tag{1-2}$$

式中　I——电流强度（A）；

Q——通过导体某截面的电荷量（C）；

t——电荷通过时间（s）。

电流（即电流强度）的基本单位是安培，简称安，用字母 A 表示。电流常用的单位还有 kA、mA、μA，换算关系为：

$$1\text{kA}=10^{3}\text{A}$$

$$1\text{mA}=10^{-3}\text{A}$$

$$1\mu\text{A}=10^{-6}\text{A}$$

测量电流强度的仪表叫电流表，又称安培表，分直流电流表和交流电流表两类。测量时，必须将电流表串联在被测的电路中。每一个安培表都有一定的测量范围，所以在使用安培表时，应该先估算一下电流的大小，选择量程合适的电流表。

2）电压

电路中要有电流，必须要有电位差，有了电位差，电流才能从电路中的高电位点流向低电位点。电压是指电路中（或电场中）任意两点之间的电位差。

电压的基本单位是伏特，简称伏，用字母 V 表示，常用的单位还有千伏（kV）、毫伏（mV）等，换算关系为：

$$1\text{kV}=10^{3}\text{V}$$

$$1\text{mV}=10^{-3}\text{V}$$

测量电压大小的仪表叫电压表，又称伏特表，分直流电压表和交流电压表两类。测量时，必须将电压表并联在被测量电路中，每个伏特表都有一定的测量范围（即量程）。使用时，必须注意所测的电压不得超过伏特表的量程。

电压按等级划分为高压、低压与安全电压。

高压：指电气设备对地电压在 250V 以上；

低压：指电气设备对地电压为250V以下；

安全电压有五个等级：42V、36V、24V、12V、6V。

注：为防止触电事故而采用的由特定电源供电的电压系列。这个电压系列的上限值，在任何情况下，两导体间或任一导体与地之间均不得超过交流（50～500Hz）有效值50V，此电压称为安全电压。

3）电阻

导体对电流的阻碍作用称为电阻，导体电阻是导体中客观存在的。在温度不变时，导体的电阻和导体的长度成正比，和导体的横截面积成反比。

通常用R来表示导体的电阻，L表示导体的长度，S表示导体的横截面积。

上述关系见式（1-3）：

$$R = \rho \frac{L}{S} \tag{1-3}$$

式中ρ是导体的材料决定的，而且与导体的温度有关，称为导体的电阻率。

电阻率的常用单位是$\Omega \cdot mm^2/m$。

电阻的常用单位有欧（Ω）、千欧（kΩ）、兆欧（MΩ）。

换算关系是：

$$1k\Omega = 10^3\Omega$$

$$1M\Omega = 10^3 k\Omega = 10^6\Omega$$

（2）电路

1）电路的组成

电路就是电流流通的路径，如日常生活中的照明电路、电动机电路等。电路一般由电源、负载、导线和控制器件四个基本部分组成，如图1-6所示。

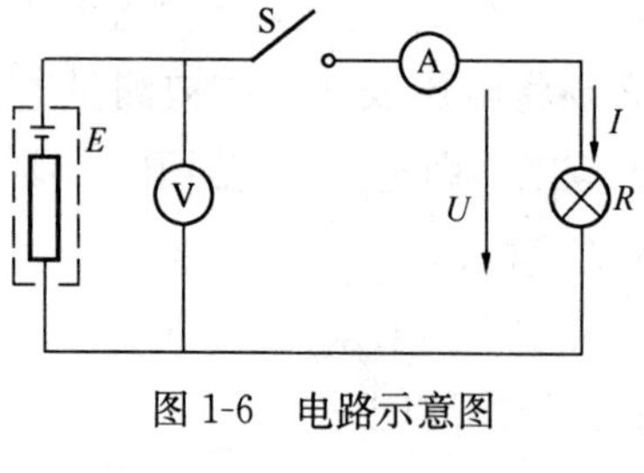

图1-6　电路示意图

①电源：将其他形式的能量转换为电能的装置，在电路中，电源产生电能，并维持电路中的电流。

②负载：将电能转换为其他形式能量的装置。

③导线：连接电源和负载的导体，为电流提供通道并传输电能。

④控制器件：在电路中起接通、断开、保护及测量等作用的装置。

2）电路的类别

按照负载的连接方式，电路可分为串联电路和并联电路。电路中电流依次通过每一个组成元件的电路称为串联电路；所有负载（电源）的输入端和输出端分别被连接在一起的电路，称为并联电路。

按照电流的性质，分为交流电路和直流电路。电压和电流的大小及方向随时间变化的电路，叫交流电路；电压和电流的大小及方向不随时间变化的电路，叫直流电路。

3）电路的状态

①通路：当电路的开关闭合，负载中有电流通过时称为通路，电路正常工作状态为通路。

②开路：即断路，指电路中开关打开或电路中某处断开时的状态，开路时电路中无电流通过。

③短路：电源两端的导线因某种事故未经过负载而直接连通时称为短路。短路时负载中无电流通过，流过导线的电流比正常工作时大几十倍甚至数百倍，短时间内就会使导线产生大量的热量，造成导线熔断或过热而引发火灾。短路是一种事故状态，应避免发生。

（3）电功率和电能

1）电功率

在导体的两端加上电压，导体内就产生了电流。电场力推动自由电子定向移动所做的功，通常称为电流所做的功或称为电功（W）。

电流在一段电路所做的功，与这段电路两端的电压 U、电路中的电流强度 I 和通电时间 t 成正比，关系式见式（1-4）。

$$W = UIt \tag{1-4}$$

在式中，如果 U、I、t 的单位分别是伏特（V）、安培（A）、秒（s），则功的单位为焦耳（J）。

电流做功的过程实际上是电能转化为其他形式能的过程。例如，电流通过电炉做功，电能转化为热能；电流通过电动机做功，电能转化为机械能。

单位时间内电流所做的功叫电功率，简称功率，用字母 P 表示，其单位为焦耳/秒（J/s），即：瓦特，简称瓦（W）。功率的计算公式见式（1-5）。

$$P = \frac{W}{t} = UI = I^2R = \frac{U^2}{R} \tag{1-5}$$

常用的电功率单位还有 kW、MW 和马力 HP，换算关系为：

$$1\text{kW}=10^3\text{W}$$

$$1\text{MW}=10^6\text{W};$$

$$1\text{HP}=736\text{W}$$

2）电能

电路的主要任务是进行电能的传送、分配和转换。

电能是指一段时间内电场所做的功，关系式见式（1-6）。

$$W = Pt \tag{1-6}$$

电能的单位是千瓦·小时（kW·h），简称度。1 度=1kW·h。

测量电功的仪表是电能表，又称电度表。它可以计量用电设备或电器在某一段时间内所消耗的电能。测量电功率的仪表是功率表，它可以测量用电设备或电气设备在某一工作瞬间的电功率大小。功率表又可以分为有功功率表（kW）和无功功率表

(kvar)。

(4) 交流电

所谓交流电是指大小和方向都随时间作周期性变化的电动势、电压或电流，平时用的交流电是随时间按正弦规律变化的，所以叫做正弦交流电，简称交流电，用“AC”或“～”表示。

我国工业上普遍采用频率为50Hz的正弦交流电，在日常生活中，人们接触较多的是单相交流电，而实际工作中，人们接触更多的是三相交流电。三个具有相同频率、相同振幅，但在相位上彼此相差120°的正弦交流电压、电流或电动势，统称为三相交流电。

三相交流电习惯上称为A/B/C三相，按国家标准GB4026规定，交流供电系统的电源A、B、C分别用L_1、L_2、L_3表示，其相色漆的颜色分别以黄色、绿色和红色表示。交流供电系统中电气设备按接线端子的A相、B相、C相则分别用U、V、W表示，如三相电动机三相绕组的首端和尾端分别为U_1和U_2、V_1和V_2、W_1和W_2。

1.2.2 交流电动机

(1) 交流电动机的分类

交流电动机分为异步电动机和同步电动机。异步电动机又可分为单相电动机和三相电动机。单相异步电动机主要用于电扇、洗衣机、电冰箱、空调、排风扇、木工机械及小型电钻等。施工现场使用的施工升降机、塔式起重机的行走、变幅、起升、回转机构都采用三相异步电动机。

(2) 三相异步电动机的结构

三相异步电动机也叫三相感应电动机，主要由定子和转子两个基本部分组成。转子又可分为鼠笼式和绕线式两种。

1）定子

定子主要由定子铁芯、定子绕组、机座和端盖等组成。

①定子铁芯。

定子铁芯是异步电动机主磁通磁路的一部分，通常由导磁性能较好的 0.35～0.5mm 厚的硅钢片叠压而成。对于容量较大（10kW 以上）的电动机，在硅钢片两面涂以绝缘漆，作为片间绝缘之用。

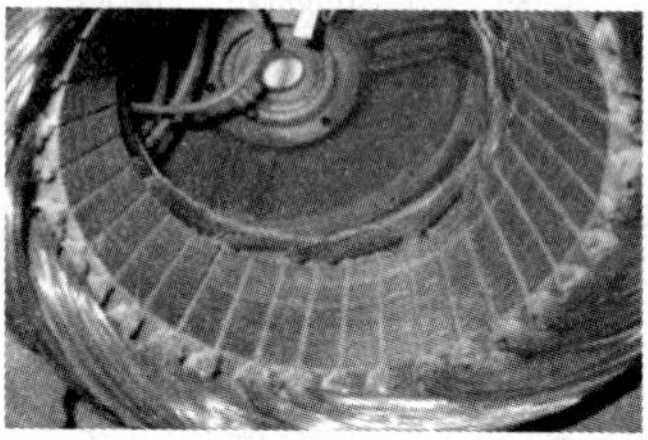

图 1-7　三相电机的定子绕组

②定子绕组。

定子绕组是异步电动机的电路部分，由三相对称绕组按一定的空间角度依次嵌放在定子线槽内，其绕组有单层和双层两种基本形式，如图 1-7 所示。

③机座。

机座的作用主要是固定定子铁芯并支撑端盖和转子，中小型异步电动机一般都采用铸铁机座。

2）转子

转子部分由转子铁芯、转子绕组及转轴组成。

①转子铁芯，也是电动机主磁通磁路的一部分，一般也由 0.35～0.5mm 厚的硅钢片叠成，并固定在转轴上。转子铁芯外圆侧均匀分布着线槽，用以浇铸或嵌放转子绕组。

②转子绕组，按其形式分为鼠笼式和绕线式两种。

小容量鼠笼式电动机一般采用在转子铁芯槽内浇铸铝笼条，两端的端环将笼条短接起来，并浇铸成冷却风扇叶状。图 1-8 所示为鼠笼

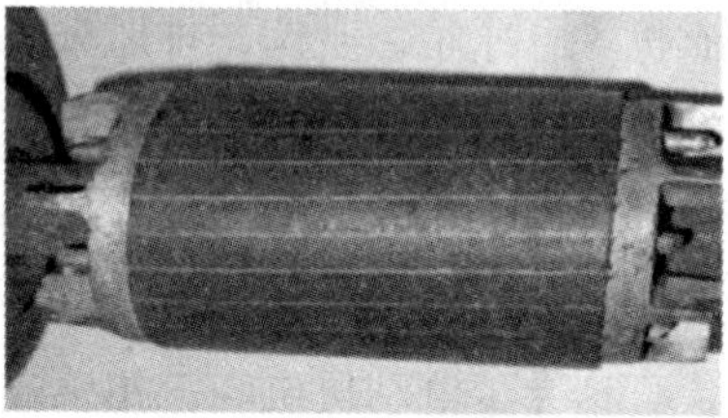

图 1-8　鼠笼式电动机的转子

式电机的转子。

绕线式电动机是在转子铁芯线槽内嵌放对称三相绕组，如图1-9所示。三相绕组的一端接成星形，另一端接在固定在转轴上的滑环（集电环）上，通过电刷与变阻器连接。图1-10所示为三相绕线式电机的滑环结构。

图1-9　绕线式电动机的转子绕组

图1-10　三相绕线式电动机的滑环结构

③转轴，其主要作用是支撑转子和传递转矩。

（3）三相异步电动机的铭牌

电动机出厂时，在机座上都有一块铭牌，上面标有该电机的型号、规格和有关数据。

1）铭牌的标识

电机产品型号举例：Y－132S_2－2

其中，Y——表示异步电动机；

132——表示机座号，数据为轴心对底座平面的中心高（mm）；

S——表示短机座（S：短，M：中，L：长）；

$_2$——表示铁芯长度号；

2——表示电动机的极数。

2）技术参数

①额定功率：电动机的额定功率也称额定容量，表示电动机在额定工作状态下运行时，轴上能输出的机械功率，单位为W或kW。

②额定电压：是指电动机额定运行时，外加于定子绕组上的线电压，单位为 V 或 kV。

③额定电流：是指电动机在额定电压和额定输出功率时，定子绕组的线电流，单位为 A。

④额定频率：额定频率是指电动机在额定运行时电源的频率，单位为 Hz。

⑤额定转速：额定转速是指电动机在额定运行时的转速，单位为 r/min。

⑥接线方法：表示电动机在额定电压下运行时，三相定子绕组的接线方式。目前电动机铭牌上给出的接法有两种，一种是额定电压为 380V/220V，接法为 Y/Δ；另一种是额定电压 380V，接法为 Δ。

⑦绝缘等级：电动机的绝缘等级，是指绕组所采用的绝缘材料的耐热等级，它表明电动机所允许的最高工作温度，见表 1-4。

绝缘等级及允许最高工作温度 **表 1-4**

绝缘等级	Y	A	E	B	F	H	C
最高工作温度（℃）	90	105	120	130	155	180	>180

（4）三相异步电动机的运行与维护

1）电动机启动前检查

①电动机上和附近有无杂物和人员；

②电动机所拖动的机械设备是否完好；

③大型电动机轴承和启动装置中油位是否正常；

④绕线式电动机的电刷与滑环接触是否紧密；

⑤转动电动机转子或其所拖动的机械设备，检查电动机和拖动的设备转动是否正常。

2）电动机运行中的监视与维护

①电动机的温升及发热情况；
②电动机的运行负荷电流值；
③电源电压的变化；
④三相电压和三相电流的不平衡度；
⑤电动机的振动情况；
⑥电动机运行的声音和气味；
⑦电动机的周围环境、适用条件；
⑧电刷是否冒火或其他异常现象。

1.2.3 低压电器

低压电器在供配电系统中广泛用于电路、电动机、变压器等电气装置上，起着开关、保护、调节和控制的作用，按其功能分有开关电器、控制电器、保护电器、调节电器、主令电器、成套电器等，现主要介绍起重机械中常用的几种低压电器。

（1）主令电器

主令电器是一种能向外发送指令的电器，主要有按钮、行程开关、万能转换开关、接近开关等。利用它们可以实现人对控制电器的操作或实现控制电路的顺序控制。

1）控制按钮

按钮是一种靠外力操作接通或断开电路的电气元件，一般不能直接用来控制电气设备，只能发出指令，但可以实现远距离操作。一般按钮的结构如图1-11所示。

图1-11 常用按钮开关

2）行程开关

行程开关又称限位开关或终点开关。它不用人工操作，而是利用机械设备某些部件的碰撞来完成的，以控制自身的运动方向或行程大小的主令电器。行程开关是一种将机械信号转换为电信号来控制运动部件行程的开关元件，被广泛用于顺序控制器、运动方向、行程、零位、限位、安全及自动停止、自动往复等控制系统中。图 1-12 所示为几种常见的行程开关。

图 1-12　常用行程开关

3）万能转换开关

万能转换开关是一种多对触头、多个挡位的转换开关。主要由操作手柄、转轴、动触头及带号码牌的触头盒等构成。常用的转换开关有 LW2、LW4、LW5-15D、LW15-10、LWX2 等，QT30 以下的塔机一般使用 LW5 型转换开关，如图 1-13 所示。

4）主令控制器

主令控制器（又称主令开关）主要用于电气传动装置中，按一定顺序分合触头，达到发布命令或其他控制线路联锁转换的目的。其中塔式起重机中的联动控制台就属于主令控制器，用来操作塔式起重机的回转、变幅、卷扬等动作，如图 1-14 所示。

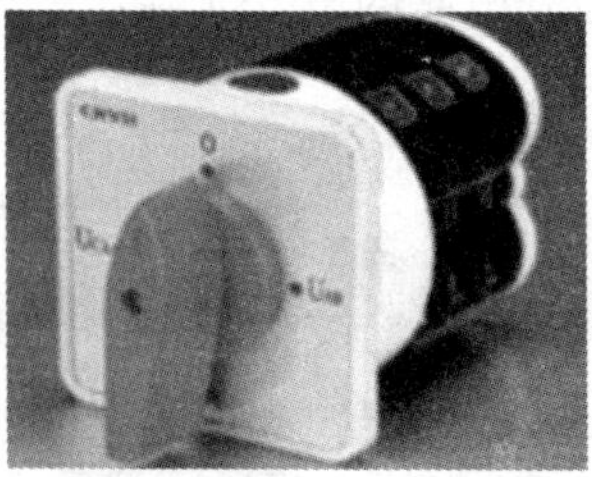

图 1-13　万能转换开关

图 1-14　联合控制台

(2) 空气断路器

低压空气断路器又称自动空气开关或空气开关，属开关电器。是用于当电路中发生过载、短路或欠压等不正常情况时，能自动分断电路的电器，也可用作不频繁地启动电动机或接通、分断电路，有万能式断路器、塑壳式断路器、微型断路器、漏电保护器等，图 1-15 所示为几种常用断路器。

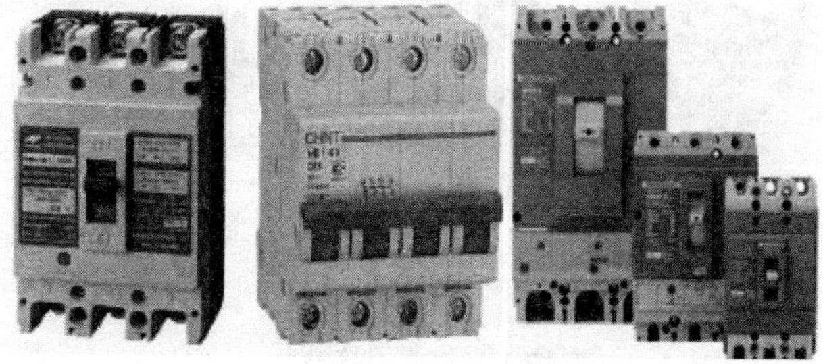

图 1-15　常用断路器

漏电保护器是漏电电流动作保护的简称，它是空气断路器的一个重要分支，主要用于保护人身因漏电发生电击伤亡及防止因电气设备或线路漏电引起电气火灾事故。漏电保护器的动作电流值主要有 6mA、10mA、30mA、100mA、300mA、500mA、1A、2A、5A、10A、20A。安装在负荷端电器电路的漏电保护器，是考虑到漏电电流通过人体的影响，用于防止人为触电的漏电保护器，其动作电流不得大于 30mA，动作时间不得大于 0.1s。应用于潮湿场所的电器设备，应选用额定漏电动作电流不应大于 15mA，额定漏电动作时间不应大于 0.1s 的漏电保护器。

漏电保护器按结构和功能分为漏电开关、漏电断路器、漏电继电器、漏电保护插头及插座等。漏电保护器按极数还可分为单极、二极、三极、四极等多种。

(3) 接触器

接触器用途广泛，是电力拖动和控制系统中应用最为广泛的一种电器，它可以频繁操作，远距离接触、断开主电路和大容量控制电路，接触器可分为交流接触器和直流接触器两大类。

接触器主要由电磁系统、触头系统和灭弧装置等几部分组成。交流接触器的交流线圈的额定电压有 380V、220V、48V 等多种，图 1-16 所示是常见的接触器。

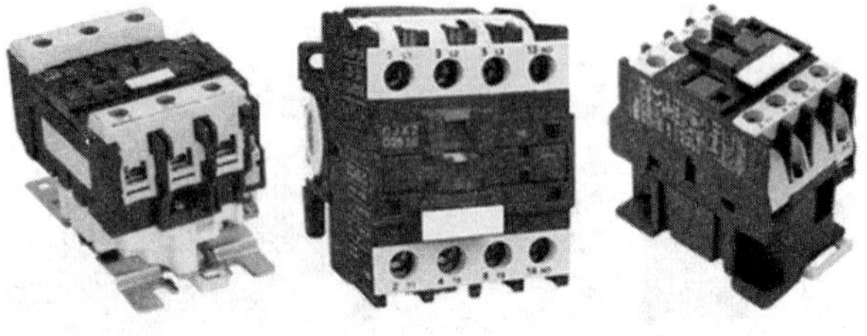

(a) (b) (c)

图 1-16 常用接触器

（4）继电器

继电器是一种自动控制电器，在一定的输入参数下，它受输入端的影响而使输出参数有跳跃式的变化。常用的有中间继电器、热继电器、延时继电器、温度继电器等。图 1-17 所示为几种常用的继电器。

(a) (b) (c)

图 1-17 常用继电器

1.3 机械基础知识

1.3.1 概述

（1）机器

机器基本上都是由原动部分、传动部分和工作部分组成。原动部分是机器动力的来源。常用的原动机有电机、内燃机、空气压缩机等。工作部分是完成机器预定的动作，处于整个传动的终端，其结构形式主要取决于机器工作本身的用途。机器一般有以下三个共同的特征：

1）机器是由许多的部件组合而成的。

2）机器中的构件之间具有确定的相对运动。

3）机器能完成有用的机械功或者实现能量转换。例如：运输机能改变物体的空间位置，电动机能把电能转换成机械能等。

（2）机构

机构与机器有所不同，机构具有机器的前两个特征，而没有最后一个特征。通常把这些具有确定相对运动构件的组合称为机构。所以，机构和机器的区别是机构的主要功用在于传递或转变运动的形式，而机器的主要功用是为了利用机械能做功或能量转换。

由上述可知，机械是机构和机器的总称。

（3）运动副

使两物体直接接触而又能产生一定相对运动的连接，称为运动副，如图 1-18 所示。根据运动副中两构件接触形式不同，运动副可分为低副和高副。

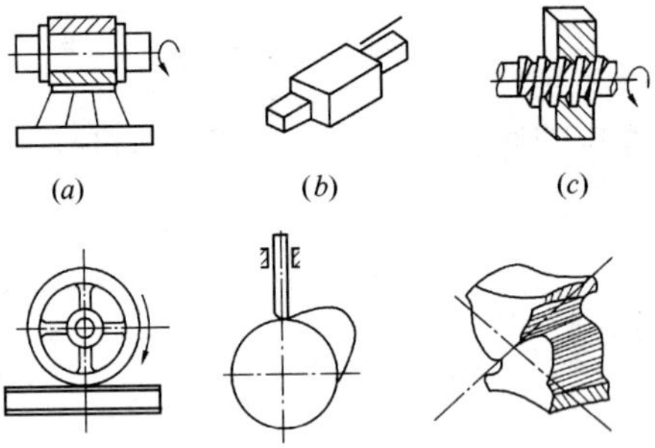

图 1-18　运动副

（*a*）转动副；（*b*）移动副；（*c*）螺旋副；（*d*）、（*e*）、（*f*）高副

1）低副：低副是指两构件之间作面接触的运动副。按两构件的相对运动情况，可分为：

①转动副：两构件在接触处只允许作相对转动，如图 1-18（*a*）所示。

②移动副：两构件在接触处只允许作相对移动，如图 1-18（*b*）所示。

③螺旋副：两构件在接触处只允许作一定关系的转动和移动的复合运动。如由丝杠与螺母组成的运动副。

2）高副：高副是两构件之间作点或线接触的运动副。如图 1-18（*d*）、（*e*）、（*f*）所示的滚轮与轨道、凸轮与推杆及轮齿与轮齿之间的接触均为常用高副。

1.3.2　齿轮传动

齿轮传动在建筑机械中应用很广，如塔式起重机、施工升降机、混凝土搅拌机、钢筋切断机、卷扬机等都采用齿轮传动。

（1）齿轮传动的特点

1）齿轮传动之所以得到广泛应用，是因为它具有以下优点：

①传动效率高，一般为95%～98%，最高可达99%。

②结构紧凑、体积小，与带传动相比，外形尺寸大大减小，它的小齿轮与轴做成一体时直径只有50mm左右。

③工作可靠，使用寿命长。

④传动比固定不变，传递运动准确可靠。

⑤能实现平行轴间、相交轴间及空间相错轴间的多种传动。

2）齿轮传动的缺点：

①制造齿轮需要专门的机床、刀具和量具，工艺要求较严，对制造的精度要求高，因此成本较高。

②齿轮传动一般不宜承受剧烈的冲击和过载。

③不宜用于中心距较大的场合。

（2）齿轮传动的分类

齿轮传动种类很多，可以按不同的方法进行分类：

1）按两齿轮轴线的相对位置，可分为两轴平行、两轴相交和两轴交错三类，见表1-5。

其中齿轮齿条传动在施工升降机中得到了广泛应用。

常用齿轮传动的分类　　　　**表1-5**

啮合类别		图例	说明
两轴平行	外啮合直齿圆柱齿轮传动		1. 轮齿与齿轮轴线平行； 2. 传动时，两轴回转方向相反； 3. 制造最简单； 4. 速度较高时容易引起动载荷与噪声； 5. 标准直齿圆柱齿轮传动，一般采用的圆周速度为2～3m/s

续表

啮合类别		图　例	说　明
两轴平行	外啮合斜齿圆柱齿轮传动		1. 轮齿与齿轮轴线倾斜成某一角度； 2. 相啮合的两齿轮的齿轮倾斜方向相反，倾斜角大小相同； 3. 传动平稳，噪声小； 4. 工作中会产生轴向力，轮齿倾斜角越大，轴向力越大； 5. 适用于圆周速度较高（$v>2\sim3m/s$）的场合
	人字齿轮传动		1. 轮齿左右倾斜、方向相反，呈“人”字形，可以消除斜齿轮单向倾斜而产生的轴向力； 2. 制造成本高
	内啮合圆柱齿轮传动	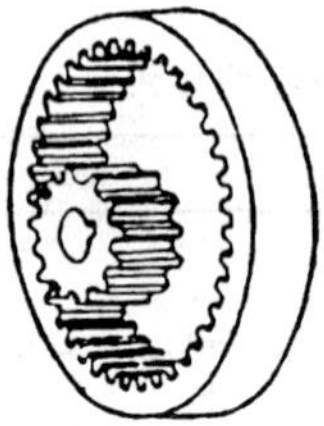	1. 它是外啮轮传动的演变形式，大轮的齿分布在圆柱体内表面，成为内齿轮； 2. 大小齿轮的回转方向相同； 3. 轮齿可制成直齿，也可制成斜齿。当制成斜齿时，两轮轮齿倾斜方向相同，倾斜角大小相等
	齿轮齿条传动		1. 这种传动相当于大齿轮直径为无穷大的外啮合圆柱齿轮传动； 2. 齿轮作旋转运动，齿条作直线运动； 3. 轮齿一般是直齿，也有制成斜齿的

续表

啮合类别		图例	说明
两轴相交	直齿锥齿轮传动	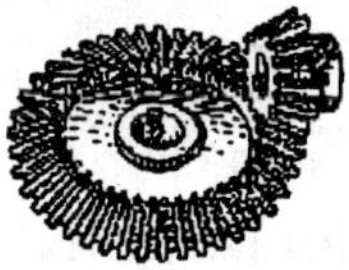	1. 轮齿排列在圆锥体表面上，其方向与圆锥的母线一致； 2. 一般用在两轴线相交成90°，圆周速度小于2m/s的场合
	曲齿锥齿轮传动		1. 轮齿是弯曲的，同时啮合的齿数比直齿圆锥齿轮多，啮合过程不易产生冲击，传动较平稳，承载能力较高，在高速和大功率的传动中广泛应用； 2. 设计加工比较困难，需要专用机床加工，轴向推力较大
两轴交错	螺旋齿轮传动		1. 单个齿轮为斜齿圆柱齿轮。当交错轴间夹角为0°时，即成为外啮合斜齿圆柱齿轮传动； 2. 相应地改变两个斜齿轮的螺旋角，即可组成轴间夹角为任意值（0°～90°）的螺旋齿轮传动； 3. 螺旋齿轮传动承载能力较小，且磨损较严重

2）按润滑方式不同，可分为开式、半开式和闭式三种：

①开式齿轮传动的齿轮外露，容易受到尘土侵袭，润滑不良，轮齿容易磨损，多用于低速传动和要求不高的场合。

②半开式齿轮传动装有简易防护罩，有时还浸入油池中，这样可较好地防止灰尘侵入。由于磨损仍比较严重，所以一般只用于低速传动的场合。

③闭式齿轮传动是将齿轮安装在刚性良好的密闭壳体内，并

将齿轮浸入一定深度的润滑油中，以保证有良好的工作条件，适用于中速及高速传动的场合。

(3) 齿轮传动的失效形式

齿轮传动由于某种原因不能正常工作时，称为失效。常见的齿轮传动失效形式为齿面损坏和齿根折断两类。其中齿面损坏主要有以下三种形式：齿面磨损、齿面点蚀和齿面胶合。施工升降机的齿轮齿条传动由于润滑条件差，灰尘、脏物等研磨性微粒易落在齿面上，轮齿磨损快，且齿根产生的弯曲应力大，因此，齿面磨损和齿根折断是施工升降机齿轮齿条传动的失效形式。

1.3.3 蜗杆传动

蜗杆传动是一种常用的大传动比机械传动，广泛应用于机床、仪器、起重运输机械及建筑机械中。

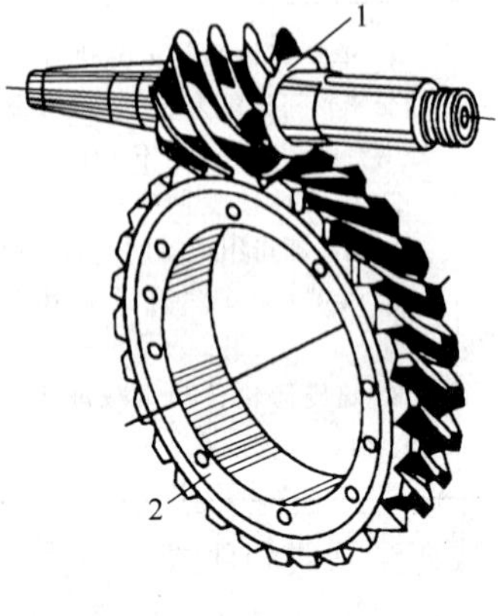

图 1-19 蜗杆蜗轮传动
1—蜗杆；2—蜗轮

如图 1-19 所示，蜗杆传动由蜗杆和蜗轮组成，传递两交错轴之间的运动和动力，一般以蜗杆为主动件，蜗轮为从动件。通常，工程中所用的蜗杆是阿基米德蜗杆，它的外形很像一根具有梯形螺纹的螺杆，其轴向截面类似于直线齿廓的齿条。蜗杆有左旋、右旋之分，一般为右旋。

蜗杆传动的主要特点是工作平稳、噪声小，蜗杆螺旋角小时可具有自锁作用。但传动效率低，价格比较昂贵。

1.3.4 键销连接

(1) 键连接

键连接是由零件的轮毂、轴和键组成，在各种机器上有很多转动零件，如齿轮、带轮、蜗轮、凸轮等，这些轮毂和轴大多数采用平键连接或花键连接。键连接是一种应用很广泛的可拆连接，主要用于轴与轴上零件的周向相对固定，以传递运动或转矩。

1）平键连接

平键连接装配时先将键放入轴的键槽中，然后推上零件的轮毂，构成平键连接。如图 1-20 所示，平键连接时，键的上顶面与轮毂键槽的底面之间留有间隙，而键的两侧面与轴、轮毂键槽的侧面配合紧密，工作时依靠键和键槽侧面的挤压来传递运动和转矩，因此平键的侧面为工作面。

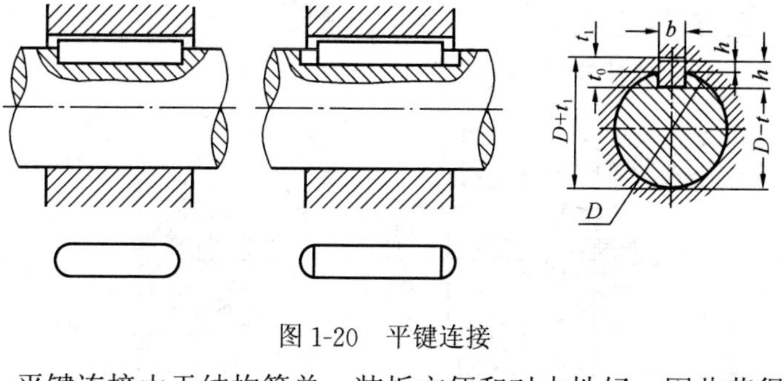

图 1-20　平键连接

平键连接由于结构简单、装拆方便和对中性好，因此获得广泛应用。

2）花键连接

在使用一个平键不能满足轴所传递的扭矩的要求时，可采用花键连接。花键连接由花键轴与花键套构成，如图 1-21 所示，常用于传递大扭矩、要求有良好的导向性和对中性的场合。花键的齿形有矩形、三角形及渐开线齿形三种，矩形键加工方便，应用较广。

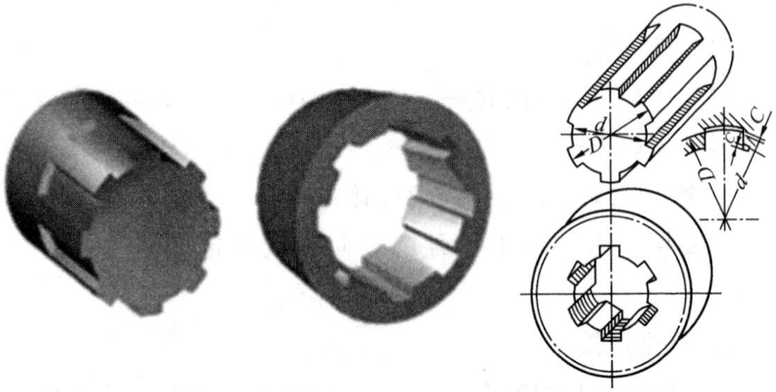

图 1-21　花键连接

3）半圆键连接

半圆键的上表面为平面，下表面为半圆形弧面，两侧面互相平行。半圆键连接也是靠两侧工作面传递转矩的，如图 1-22 所示。其特点是能自动适应零件轮毂槽底的倾斜，使键受力均匀。主要用于轴端传递转矩不大的场合。

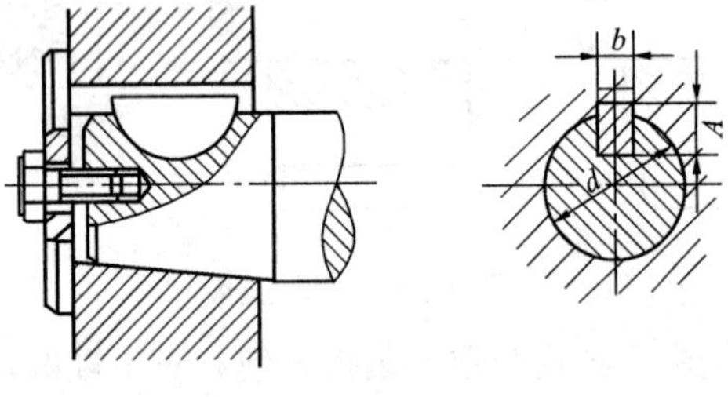

图 1-22　半圆键连接

（2）销连接

销连接用来固定零件间的相互位置，构成可拆连接，也可用于轴和轮毂或其他零件的连接以传递较小的载荷；有时还用作安全装置中的过载剪切元件。

销是标准件，其基本形式有圆柱销和圆锥销两种。圆柱销连接不宜经常装拆，否则，会降低定位精度或连接的紧固性，如图1-23所示。

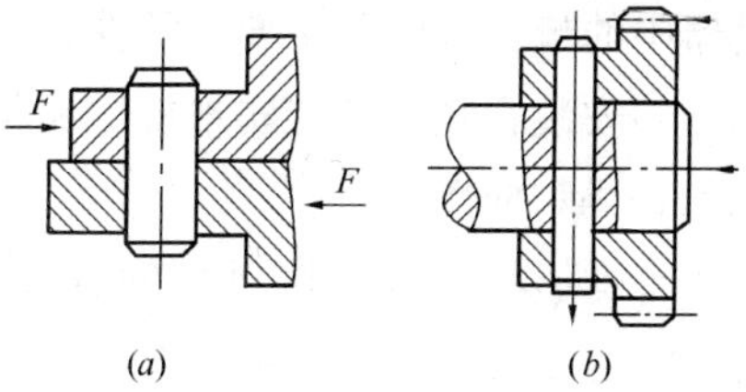

图 1-23　圆柱销

圆锥销有 1∶50 的锥度，小头直径为标准值。圆锥销易于安装，定位精度高于圆柱销，如图 1-24 所示。圆柱销和圆锥销孔均需铰制。铰制的圆柱销孔直径有四种不同配合精度，可根据使用要求选择。

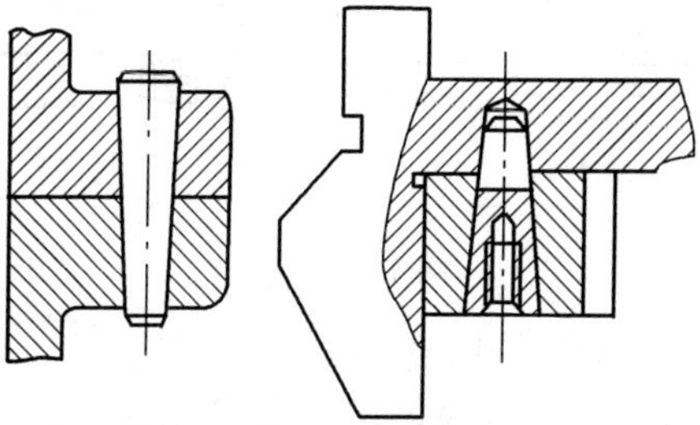

图 1-24　圆锥销

销的类型按工作要求选择。用于连接的销，可根据连接的结构特点按经验确定直径，必要时再做强度校核；定位销一般不受载荷或受很小载荷，其直径按结构确定，数目不得少于两个；安全销直径按销的剪切强度进行计算。

1.3.5 轴

轴是组成机器中的最基本的和主要的零件，一切作旋转运动的传动零件，都必须安装在轴上才能实现旋转和传递动力。

(1) 常用轴的种类和应用特点

1) 按照轴的轴线形状不同，可以把轴分为曲轴［图 1-25 (*a*)］和直轴［图 1-25 (*b*)、(*c*)］两大类。曲轴可以将旋转运动改变为往复直线运动或者作相反的运动转换。直轴应用最为广泛，直轴按照其外形不同，可分为光轴［图 1-25 (*b*)］和阶梯轴［图 1-25 (*c*)］两种。

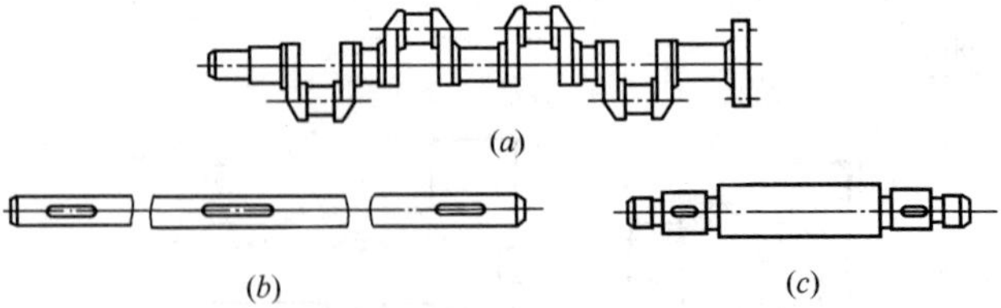

图 1-25 轴

(*a*) 曲轴；(*b*) 光轴；(*c*) 阶梯轴

2) 按照轴的所受载荷不同，可将轴分为心轴、转轴和传动轴三类：

①心轴：通常指只承受弯矩而不承受转矩的轴。如自行车前轴。

②转轴：既受弯矩又受转矩的轴。转轴在各种机器中最为常见。

③传动轴：只受转矩不受弯矩或受很小弯矩的轴。车床上的光轴、连接汽车发动机输出轴和后桥的轴，均是传动轴。

(2) 轴的结构

轴主要由轴颈、轴头、轴身和轴肩、轴环构成，如图 1-26 所示。

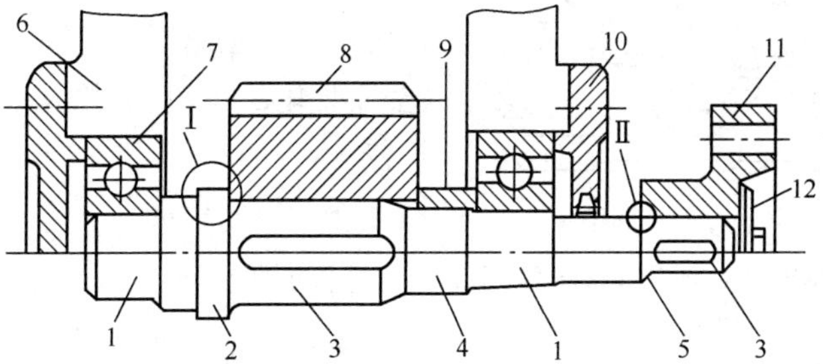

图 1-26 轴的结构

1—轴颈；2—轴环；3—轴头；4—轴身；5—轴肩；6—轴承座；
7—滚动轴承；8—齿轮；9—套筒；10—轴承盖；11—联轴器；12—轴端挡阻

1) 轴颈：是指轴颈与轴承配合的轴段，轴颈的直径应符合轴承的内径系列。

2) 轴头：是指支撑传动零件的轴段，轴头的直径必须与相配合零件的轮毂内径一致，并符合轴的标准直径系列。

3) 轴身：是指连接轴颈和轴头的轴段。

4) 轴肩和轴环：是阶梯轴上截面变化之处。

1.3.6 轴承

(1) 轴承的功用和类型

1) 轴承功用。轴承是机器中用来支承轴和轴上零件的重要零部件，它能保证轴的旋转精度，减小转动时轴与支承间的摩擦和磨损。

2) 轴承的类型和特点。根据工作时摩擦性质不同，轴承可分为滑动轴承和滚动轴承；按所受载荷方向不同，可分为向心轴承、推力轴承和向心推力轴承。

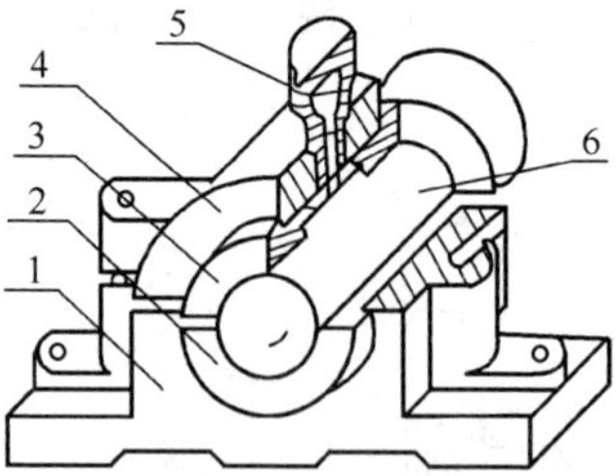

图 1-27 滑动轴承

1—轴承座；2、3—轴瓦；4—轴承盖；5—润滑装置；6—轴颈

滚动轴承具有摩擦力矩小，易启动，荷载、转速及工作温度的适用范围较广，轴向尺寸小，润滑维修方便等优点，滚动轴承已标准化，在机械中应用非常广泛。

（2）滑动轴承

滑动轴承一般由轴承座、轴瓦（或轴套）、润滑装置和密封装置等部分组成。如图 1-27 所示。

根据轴承所受载荷方向不同，可分为向心滑动轴承、推力滑动轴承和向心推力滑动轴承。

（3）滚动轴承

滚动轴承由内圈 1、外圈 2、滚动体 3 和保持架 4 组成。如图 1-28 所示，一般内圈装在轴颈上，外圈装在轴承座孔内。内外圈上设置有滚道，当内外圈相对旋转时，滚动体沿着滚道滚动。滚动体是滚动轴承的主体，常见形状有球形和滚子形（圆柱形滚子、圆锥形滚子、鼓形滚子等）。保持架的作用是分隔开两个相邻的滚动体，以减少滚动体之间的碰撞和磨损。按滚动体形状不同，滚动轴承可分为球轴承［图 1-28（*a*）］和滚子轴承［图 1-28（*b*）］两大类。若按轴承载荷的类型不同可分

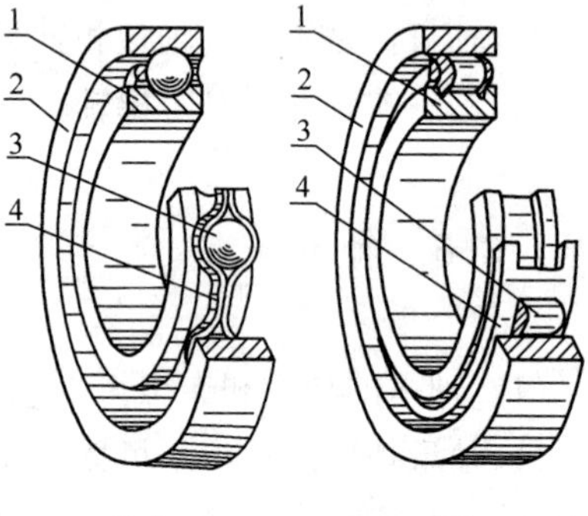

图 1-28 滚动轴承构造

（*a*）球轴承；（*b*）滚子轴承

1—内圈；2—外圈；3—滚动体；4—保持架

为三大类：主要承受径向载荷的轴承称为向心轴承；只能承受轴向载荷的轴承称为推力轴承；能同时承受径向和轴向载荷的轴承称为向心推力轴承。

滚动轴承与滑动轴承相比，有以下优点：

1）滚动轴承的摩擦阻力小，因此功率损耗小，机械效率高，发热少，不需要大量的润滑油来散热，易于维护和启动。

2）常用的滚动轴承已标准化，可直接选用，而滑动轴承一般均需自制。

3）对于同样大的轴颈，滚动轴承的宽度比滑动轴承小，可使机器的轴向结构紧凑。

4）有些滚动轴承可同时承受径向和轴向两种载荷，这就简化了轴承的组合结构。

5）滚动轴承不需用有色金属，对轴的材料和热处理要求不高。

滚动轴承亦存在一些缺点，主要有：

1）承受冲击载荷的能力较差。

2）运转不够平稳，有轻微的振动。

3）不能剖分装配，只能轴向整体装配。

4）径向尺寸比滑动轴承大。

1.3.7 联轴器

联轴器用于轴与轴之间的连接，按性能可分为刚性联轴器和弹性联轴器两类。

(1) 刚性联轴器

刚性联轴器是通过若干刚性零件将两轴连接在一起，可分为固定式（图1-29）和可移式（图1-30）两种。固定式刚性联轴器，虽然不具有补偿性能，但有结构简单、制造容易、不需维护、成本低等特点，仍有其应用范围。可移式刚性联轴器具有补偿两轴相对位移的能力。

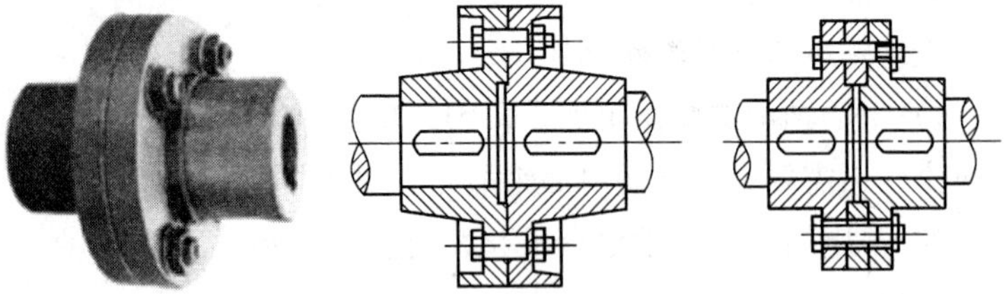

图 1-29　刚性联轴器

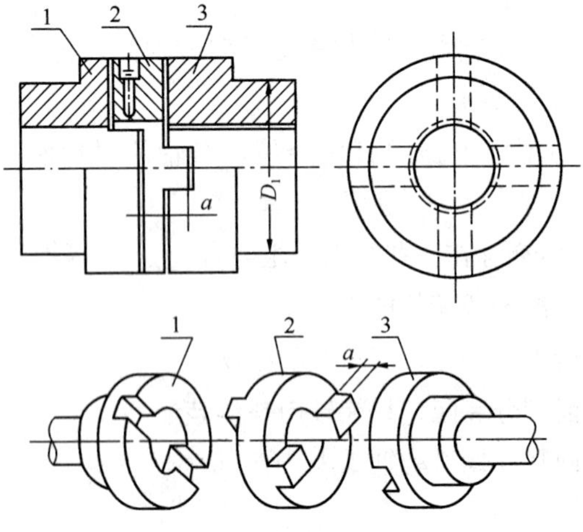

图 1-30　十字滑块联轴器

1—半联轴器；2—滑块；3—半联轴器

（2）弹性联轴器

弹性联轴器种类繁多，它具有缓冲吸振，可补偿较大的轴向位移，微量的径向位移和角位移的特点，用在正反向变化多、启动频繁的高速轴上。图 1-31 所示是一种常见的弹性联轴器。

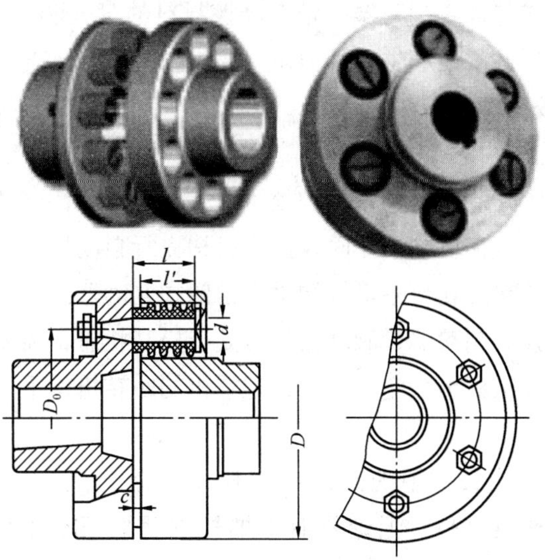

图 1-31　弹性联轴器

1.3.8　制动器

制动器是用于机构或机器减速或使其停止的装置，是各类起重机械不可缺少的组成部分，它既是起重机的控制装置，又是安全装置。其工作原理是：制动器摩擦副中的一组与固定机架相连；另一组与机构转动轴相连。当摩擦副接触压紧时，产生制动作用；当摩擦副分离时，制动作用解除，机构可以运动。

（1）制动器的分类

1）根据构造不同，制动器可分为以下三类：

①带式制动器。制动钢带在径向环抱制动轮而产生制动力矩。

②块式制动器。两个对称布置的制动瓦块，在径向抱紧制动轮而产生制动力矩。

③盘式与锥式制动器。带有摩擦衬料的盘式和锥式金属盘，在轴向互相贴紧而产生制动力矩。

2）按工作状态，制动器一般可分为常闭式制动器和常开式制动器。

①常闭式制动器。在机构处于非工作状态时，制动器处于闭合制动状态；在机构工作时，操纵机构先行自动松开制动器。塔式起重机的起升和变幅机构均采用常闭式制动器。

②常开式制动器。制动器平常处于松开状态，需要制动时通过机械或液压机构来完成。塔式起重机的回转机构采用常开式制动器。

建筑机械最常用的是液压推杆制动器（图 1-32）和电磁制动器（图 1-33）。无论是液压推杆制动器还是电磁制动器，其原理基本相近，采用弹簧上闸，而松闸装置液压电磁推杆则布置在制动器的旁侧，通过杠杆系统与制动臂联系而实现松闸。

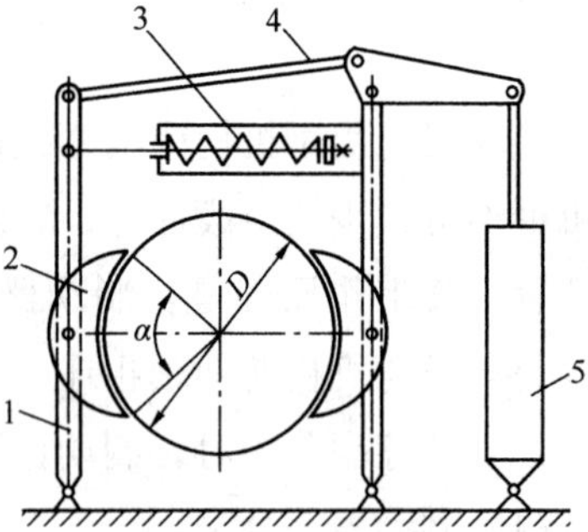

图 1-32　液压推杆制动器

1—制动臂；2—制动瓦块；3—上闸弹簧；4—杠杆；5—液压电磁推杆松闸器

（2）制动器的报废

制动器的零件有下列情况之一时，应予报废：

1）可见裂纹；

2）制动块摩擦衬垫磨损量达原厚度的50%；

3）制动轮表面磨损量达1.5～2mm；

4）弹簧出现塑性变形；

5）电磁铁杠杆系统空行程超过其额定行程的10%。

图1-33 电磁制动器

1.4 液压传动基础知识

1.4.1 液压传动的基本原理及其组成

（1）液压传动的基本原理

液压系统利用液压泵将原动机的机械能转换为液体的压力能，通过液体压力能的变化来传递能量，经过各种控制阀和管路的传递，借助于液压执行元件（液压缸或液压马达）把液体压力能转换为机械能，从而驱动工作机构，实现直线往复运动或回转运动。其中的液体称为工作介质，一般为矿物油，它的作用和机械传动中的皮带、链条和齿轮等传动元件相类似。

（2）液压传动系统的组成

1）动力元件。它供给液压系统压力，并将原动机输出的机械能转换为油液的压力能，从而推动整个液压系统工作，最常用的是液压泵，它给液压系统提供压力。

2）执行元件。把液压能转换成机械能的装置即液压缸，以驱动工作部件运动。最常用的是液压缸或液压马达。

3）控制元件。包括各种阀类，如压力阀、流量阀和方向阀等，用来控制液压系统的液体压力、流量（流速）和方向，以保证执行元件完成预期的工作运动。

4）辅助元件。指各种管接头、油管、油箱、过滤器和压力计等，起连接、储油、过滤和测量油压等辅助作用，以保证液压系统可靠、稳定、持久地工作。

5）工作介质。指在液压系统中，承受压力并传递压力的油液，一般为矿物油，统称为液压油。

1.4.2 液压传动系统主要元件

（1）液压泵

液压泵一般有齿轮泵、叶片泵和柱塞泵等几种。其中柱塞泵是靠柱塞在液压缸中往复运动造成容积变化来完成吸油与压油的。轴向柱塞泵是柱塞中心线互相平行于缸体轴线的一种泵，有斜盘式和斜轴式两类。斜盘式的缸体与传动轴在同一轴线，斜盘与传动轴成一倾斜角，它可以是缸体转动，也可以是斜盘转动，如图 1-34（*a*）所示。斜轴式的则为缸体相对传动轴轴线成一倾斜角。轴向柱塞泵具有结构紧凑，径向尺寸小，惯性小，容积效率高，压力高等优点，然而轴向尺寸大，结构也比较复杂，如图 1-34（*b*）所示。轴向柱塞泵在高工作压力的设备中应用很广。

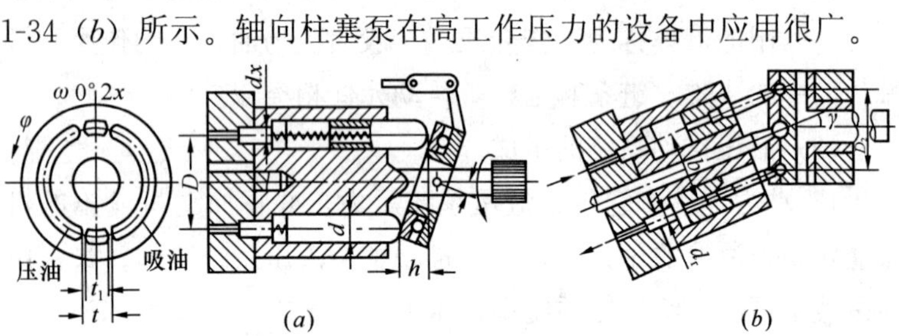

图 1-34　柱塞泵工作原理图

（*a*）斜盘式；（*b*）斜轴式

（2）液压缸

液压缸一般用于实现往复直线运动或摆动，将液压能转换为机械能，是液压系统中的执行元件。

（3）液压马达

液压马达也是将压力能转换成机械能的转换装置。与液压油缸不同的是液压马达是以转动的形式输出机械能。液压马达有齿轮式、叶片式和柱塞式之分。

液压马达和液压泵从原理上讲，它们是可逆的。当电动机带动其转动时由其输出压力能（压力和流量），即为液压泵；反之，当压力油输入其中，由其输出机械能（转矩和转速），即是液压马达。

（4）控制元件

1）双向液压锁

双向液压锁广泛应用于工程机械及各种液压装置的保压油路中，双向液压锁是一种防止过载和液力冲击的安全溢流阀，安装在液压缸上端部，如图 1-35 所示。液压锁主要为了防止油管破损等原因导致系统压力急速下降，锁定液压缸，防止事故发生。

图 1-35　双向液压锁

2）溢流阀

溢流阀是一种液压压力控制阀，通过阀口的溢流，使被控制系统压力保持恒定，实现稳压、调压或限压作用。它依靠弹簧力和油的压力的平衡来实现液压泵供油压力的调节。

3）减压阀

减压阀是一种利用液流流过缝隙产生压降的原理，使出口油压低于进口油压的压力控制阀，以满足执行机构的需要，如图 1-36 所示。减压阀有直动式和先导式两种，一般采用先导式。

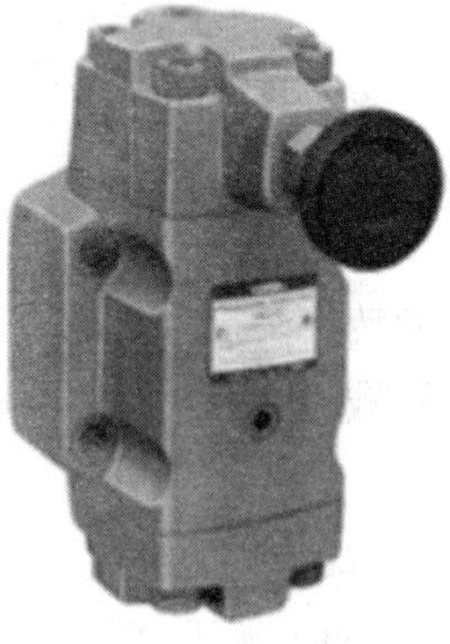

图 1-36　先导式减压阀

4）顺序阀

顺序阀是用来控制液压系统中两个或两个以上工作机构的先后顺序。顺序阀串联于油路上，它是利用系统中的压力变化来控制油路通断的。顺序阀分为直动式和先导式，如图 1-37 所示，又可分为内控式和外控式，压力也有高压低压之分。应用较广的是直动式。

图 1-37　先导式顺序阀

5）换向阀

换向阀是借助于阀芯与阀体之间的相对运动来改变油液流动方向的阀类。按阀芯相对于阀体的运动方式不同，换向阀可分为滑阀（阀芯移动）和转阀（阀芯转动）；按阀体连通的主要油路数不同，换向阀可分为二通、三通、四通等；按阀芯在阀体内的工作位置数不同，换向阀可分为二位、三位、四位等；按操作方式不同，换向阀可分为手动、机动、电磁动、液动、电液动等，如图 1-38 所示。换向阀阀芯定位方式分为钢球定位和弹簧复位两种。

三位四通阀工作原理：

如图 1-39 所示，阀芯有三个工作位置（左、中、右称为三位），阀体上有四个通路 O、A、B、P 称为四通（P 为进油口，

(*a*) (*b*)

图 1-38　换向阀

(*a*) 电磁式换向阀；(*b*) 手动式换向阀

O 为回油口，*A*、*B* 为通往执行元件两端的油口)，此阀称为三位四通阀。当阀芯处于中位时［图 1-39（*a*)］，各通道均堵住。液压缸两腔既不能进油，又不能回油，此时活塞锁住不动。当阀芯处于右位时［图 1-39（*b*)］，压力油从 *P* 口流入，*A* 口流出；回油从 *B* 口流入，*O* 口流回油箱。当阀芯处于左位时［图 1-39（*c*)］，压力油从 *P* 口流入，*B* 口流出；回油由 *A* 口流入，*O* 口流回油箱。图 1-39（*d*）为三位四通阀的图形符号。

6）流量控制阀

流量控制阀是通过改变液流的通流截面来控制系统工作流

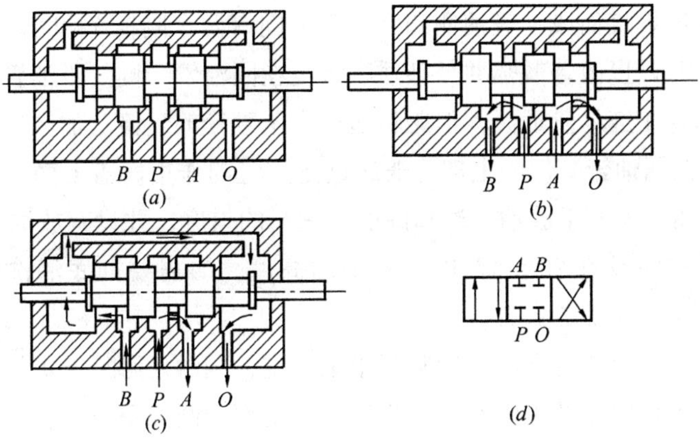

图 1-39　三位四通阀工作原理图

(*a*) 滑阀处于中位；(*b*) 滑阀移于右位；(*c*) 滑阀移于左位；(*d*) 图形符号

量，以改变执行元件运动速度的阀，简称流量阀。常用的流量阀有节流阀（图 1-40）和调速阀等。

图 1-40　节流阀

（5）液压辅件

1）油管和管接头

①油管。油管的作用是连接液压元件和输送液压油。在液压系统中常用的油管有钢管、铜管、塑料管、尼龙管和橡胶软管，可根据具体用途进行选择。

②管接头。管接头用于油管与油管、油管与液压件之间的连接。管接头按通路数可分为直通、直角、三通等形式；按接头连接方式可分为焊接式、卡套式、管端扩口式和扣压式等形式；按连接油管的材质可分为钢管管接头、金属软管管接头和胶管管接头等。我国已有管接头标准，使用时可根据具体情况选择使用。

2）油箱

油箱主要功能是储油、散热及分离油液中的空气和杂质。油箱的结构如图 1-41 所示，形状根据主机总体布置而定。它通常用钢板焊接而成，吸油侧和回油侧之间有两个隔板 7 和 9，将两区分开，以改善散热并使杂质多沉淀在回油管一侧。吸油管 1 和回油管 4 应尽量远离，但距箱边应大于管径的三倍。加油用滤网 2 设在回油管一侧的上部，兼起过滤空气的作用。盖上面装有通气罩 3。为便于放油，油箱底面有适当的斜度，并设有放油塞 8，油箱侧面设有油标 6，以观察油面高度。当需要彻底清洗油箱时，可将箱盖 5 卸开。

油箱容积主要根据散热要求来确定，同时还必须考虑机械在停止工作时系统油液在自重作用下能全部返回油箱。

3）滤油器

滤油器的作用是分离油中的杂质，使系统中的液压油经常保

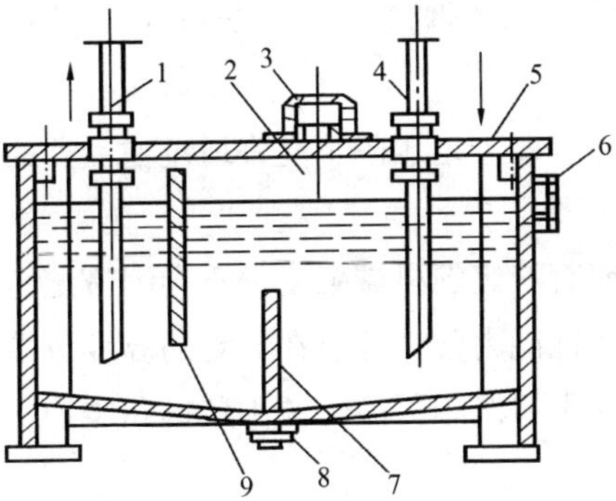

图 1-41　油箱结构示意图

1—吸油管；2—加油孔；3—通气罩；4—回油管

5—箱盖；6—油标；7、9—隔板；8—放油塞

持清洁，以提高系统工作的可靠性和液压元件的寿命，如图1-42所示。液压系统中的所有故障 80%左右是因污染的油液引起的，因此液压系统所用的油液必须经过过滤，并在使用过程中要保持油液清洁。油液的过滤一般都先经过沉淀，然后经滤油器过滤。

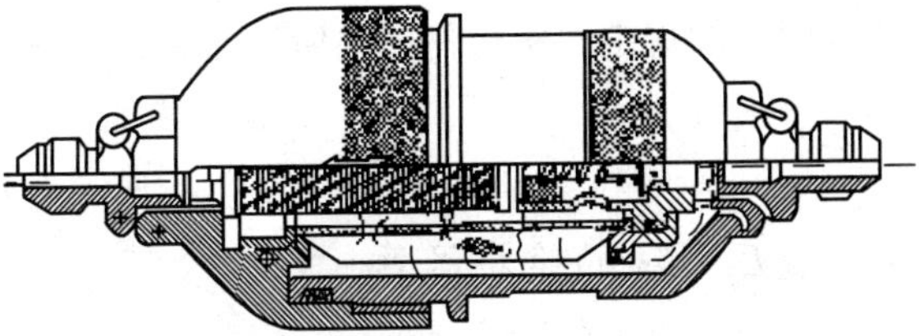

图 1-42　滤油器

滤油器按过滤情况可分为粗滤油器、普通滤油器、精滤油器和特精滤油器。按结构可分为网式、线隙式、烧结式、纸芯式和磁性滤油器等形式。滤油器可以安装在液压泵的吸油口、出油口以及重要元件的前面。通常情况下，泵的吸油口装粗滤油器，泵的出油口和重要元件前装精滤油器。

滤油器的基本要求是：

①过滤精度（滤油器滤芯滤去杂质的粒度大小）满足设计要求；

②过滤能力（即一定压降下允许通过滤油器的最大流量）满足设计要求；

③滤油器应有一定的机械强度，不会因液压力作用而破坏；

④滤芯抗腐蚀能力强，并能在一定的温度范围内持久工作；

⑤滤芯要便于清洗和更换，便于装拆和维护。

1.4.3 液压油

液压油是液压系统的工作介质，也是液压元件的润滑剂和冷却剂。液压油的性质对液压传动性能有明显的影响。因此，在选用液压油时应注意液压油的黏度随温度变化的性能、抗磨损性、抗氧化安定性、抗乳化性、抗剪切安定性、抗泡沫性、抗燃性、抗橡胶溶胀性和防锈性等。

液压油的性质不同，其价格也相差很大。在选择液压油时，应根据设备说明书的规定并结合使用环境选用合适的液压油，既要适用又不至于浪费。

1.4.4 液压系统的维护保养

油箱在第一次加满油后，经开机运转应向油箱内进行二次加油，并使液压油至油位观察窗上限，以确保油箱内有足够的油液循环。

在使用过程中由于液压油氧化变质，各种理化性能下降。因此，应及时更换液压油。

其换油周期可按以下几种方法确定：

（1）综合分析测定法。依靠化验仪器定期取样测定主要理化性能指标，连续监控油的变质状况。

（2）固定周期换油法。是指按液压系统累计运转小时数换油，通常按使用说明书要求的周期进行更换。

（3）经验判断法。通过采集油样与新油相比进行外观检查，观看油液有无颜色、水分、沉淀、泡沫、异味、黏度等差异，综合各类情况做出外观判断与处理：

1）当液压油变成乳白色，或混入空气或水，应分离水气或换油；

2）当液压油中有小黑点，或发现混入杂质、金属粉末，应过滤或换油；

3）当液压油变成黑褐色，或有臭味、氧化变质，应全部换油。

1.5 钢结构基础知识

1.5.1 钢结构的特点

钢结构是由钢板、热轧型钢、薄壁型钢和钢管等构件通过焊接、铆接和螺栓、销轴等形式连接而成的能承受和传递荷载的结构形式，是建筑起重机械的重要组成部分。钢结构与其他结构相比，具有以下特点：

（1）坚固耐用、安全可靠。钢结构具有足够的强度、刚度和稳定性，以及良好的机械性能。

（2）自重小、结构轻巧。钢结构具有体积小、厚度薄、重量轻的特点，便于运输和装拆。

（3）材质均匀。钢材内部组织比较均匀，力学性能接近各向同性，计算结果比较可靠。

（4）韧性较好。适应在动力荷载下工作。

（5）易加工。钢结构所用材料以型钢和钢板为主，加工制作简便，准确度和精密度都较高。

但钢结构与其他结构相比，也存在抗腐蚀性能和耐火性能较差，以及在低温条件下易发生脆性断裂等缺点。

1.5.2 钢结构的材料

（1）钢结构材料性能要求

钢结构所使用的钢材应当具有较高的强度，塑性、韧性和耐久性好，焊接性能优良，易于加工制造，抗锈性好等。

（2）钢结构采用的材料

钢结构所采用的材料一般为 Q235 钢、Q345 钢。

1）普通碳素钢 Q235 系列钢，强度、塑性、韧性及可焊性都比较好，是建筑起重机械使用的主要钢材。

2）低合金钢 Q345 系列钢，是在普通碳素钢中加入少量的合金元素炼成的。其力学性能好，强度高，对低温的敏感性不高，耐腐蚀性能较强，焊接性能也好，用于受力较大的结构中可节省钢材，减轻结构自重。

（3）钢材的规格

型钢和钢板是制造钢结构的主要钢材。钢材有热轧成型及冷轧成型两类。热轧成型的钢材主要有型钢及钢板，冷轧成型的有薄壁型钢及钢管。

按照国家标准规定，型钢和钢板均具有相关的断面形状和尺寸。

1）热轧钢板

厚钢板，厚度 4.5～60mm，宽度 600～3000mm，长 4～12m；

薄钢板，厚度 0.35～4.0mm，宽度 500～1500mm，长 1～6m；

扁钢，厚度4.0～60mm，宽度12～200mm，长3～9m；

花纹钢板，厚度2.5～8mm，宽度600～1800mm，长4～12m。

2）角钢

分等边与不等边两种。角钢是以其边宽来编号的，例如，10号角钢的两个边宽均为100mm；10/8号角钢的边宽分别为100mm及80mm。同一号码的角钢厚度可以不同，我国生产的角钢的长度一般为4～19m。

3）槽钢

分普通槽钢和普通低合金轻型槽钢。其型号是以截面高度（cm）来表示的。例如，20号槽钢的断面高度均为20cm。我国生产的槽钢长度一般为5～19m，最大型号为40号。

4）工字钢

分普通工字钢和普通低合金工字钢。因其腹板厚度不同，可分为a、b、c三类，型号也是用截面高度（cm）来表示的。我国生产的工字钢长度一般为5～19m，最大型号63号。

5）钢管

规格以外径表示，我国生产的无缝钢管外径约38～325mm，壁厚4～40mm，长度4～12.5m。

6）H型钢

H型钢规格以高度（mm）×宽度（mm）表示，目前生产的H型钢规格100mm×100mm至800mm×300mm或宽翼427mm×400mm，厚度（指主筋壁厚）6～20mm，长度6～18m。

7）冷弯薄壁型钢

冷弯薄壁型钢是用冷轧钢板、钢带或其他轻合金材料在常温下经模压或弯制冷加工而成的。用冷弯薄壁型钢制成的钢结构重量轻、省材料，截面尺寸又可以自行设计，目前在轻型的建筑结构中已得到应用。

1.5.3 钢结构的应用

由于钢结构自身的特点和结构形式的多样性，随着我国国民经济的迅速发展，应用范围越来越广，除房屋结构以外，钢结构还可用于下列结构：

（1）塔桅结构

塔桅结构包括电视塔、微波塔、无线电桅杆、导航塔及火箭发射塔等，一般均采用钢结构。

（2）板壳结构

板壳结构包括大型储气柜和储液库等要求密闭的容器、大直径高压输油管和输气管等，高炉的炉壳和轮船的船体等也均采用钢结构。

（3）桥梁结构

跨度大于40m的各种形式的大、中跨度桥梁，一般也采用钢结构。

（4）可拆卸移动式结构

塔式起重机、施工升降机、物料提升机、高处作业吊篮、附着升降脚手架等起重机械及施工设施中也大量采用钢结构形式。

1.5.4 钢材的特性

（1）在单向应力下的钢材的塑性

钢材的主要强度指标和多项性能指标是通过单向拉伸试验获得的。试验一般是在标准条件下进行的，即采用符合国家标准规定形式和尺寸的标准试件，在室温20℃左右，按规定的加载速度在拉力试验机上进行。

如图1-43所示，为低碳钢的一次拉伸应力—应变曲线。钢材具有明显的弹性阶段、弹塑性阶段、塑性阶段及应变硬化阶段。

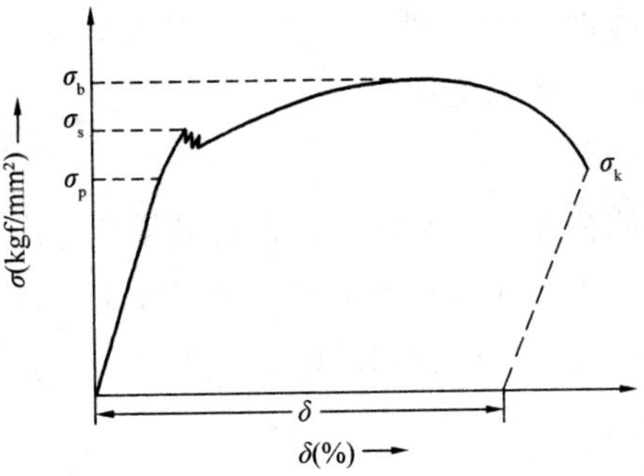

图 1-43 低碳钢的一次拉伸应力—应变曲线

在弹性阶段，钢材的应力与应变成正比，服从虎克定律。这时变形属弹性变形。当应力释放后，钢材能够恢复原状。弹性阶段是钢材工作的主要阶段。

在弹塑性阶段、塑性阶段，应力不再上升而变形发展很快。当应力释放之后，将遗留不能恢复的变形。这种变形属弹塑性、塑性变形。这种过大的永久变形虽不是结构的真正破坏，但却使它丧失正常工作能力。因此，在建筑机械的结构计算中，把屈服点 σ_s 近似地看成钢材由弹性变形转入塑性变形的转折点，并将其作为钢结构容许达到的极限应力。对于受拉杆件，只允许在 σ_s 以下的范围内工作。

在应变硬化阶段，当继续加载时，钢材的强度又有显著提高，塑性变形也显著增大（应力与应变已不服从虎克定律），随后将会发生破坏，钢材真正破坏时的强度为抗拉强度 σ_b。

由此可见，从屈服点到破坏，钢材仍有着较大的强度储备，从而增加了结构的可靠性。

钢材在发展到很大的塑性变形之后才出现的破坏，称为塑性破坏。结构在简单的拉伸、弯曲、剪切和扭转的情况下工作时，通常是先发展塑性变形，而后才导致破坏。由于钢材达到塑性破坏时的变形比弹性变形大得多。因此，在一般情况下钢结构产生塑性破坏的可能性不大。即便出现这种情形，事前也易被察觉，能对结构及时采取补强工作。

（2）钢材的脆性

脆性破坏的特征是在破坏之前钢材的塑性变形很不明显，有时甚至是在应力小于屈服点的情况下突然发生，这种破坏形式对结构的危害比较大。影响钢材脆断的因素是多方面的。

1）低温的影响

当温度到达某一低温后，钢材就处于脆性状态，冲击韧性很不稳定。钢种不同，冷脆温度也不同。

2）应力集中的影响

如钢材存在缺陷（气孔、裂纹、夹杂等），或者结构具有孔洞、开槽、凹角、厚度变化以及制造过程中带来的损伤，都会导致材料截面中的应力不再保持均匀分布，在这些缺陷、孔槽或损伤处，将产生局部的高峰应力，形成应力集中。

3）加工硬化（残余应力）的影响

钢材经过了弯曲、冷压、冲孔、剪裁等加工之后，会产生局部或整体硬化，降低塑性和韧性，加速时效变脆，这种现象称加工硬化（或冷作硬化）。

热轧型钢在冷却过程中，在截面突变处如尖角、边缘及薄细部位率先冷却，其他部位渐次冷却，先冷却部位约束阻止后冷却部位的自由收缩，产生复杂的热轧残余应力分布。不同形状和尺寸规格的型钢残余应力分布不同。

4）焊接的影响

钢结构的脆性破坏，在焊接结构中常常发生。焊接引起钢材变脆的原因是多方面的，其中主要是焊接温度影响。由于焊接时焊缝附近的温度很高，在热影响区域，经过高温和冷却的过程，使钢材的组织构造和机械性能起了变化，促使钢材脆化。钢材经过气割或焊接后，由于不均匀的加热和冷却，将引起残余应力。残余应力是自相平衡的应力，退火处理后可部分乃至全部消除。

(3) 钢材的疲劳性

钢材在连续反复荷载作用下，虽然应力还低于抗拉强度甚至屈服点，也会发生破坏，这种破坏属疲劳破坏。

疲劳破坏属于一种脆性破坏。疲劳破坏时所能达到的最大应力，将随荷载重复次数的增加而降低。钢材的疲劳强度采用疲劳试验来确定，各类起重机都有其规定的荷载疲劳循环次数值尚不破坏的应力值为其疲劳强度。

影响钢材疲劳强度的因素相当复杂，它与钢材种类、应力大小变化幅度、结构的连接和构造情况等有关。建筑机械的钢结构多承受动力荷载，对于重级以及个别中级工作类型的机械，须考虑疲劳的影响，并作疲劳强度的计算。

1.5.5 钢结构的连接

钢结构通常是由多个杆件以一定的方式相互连接而组成的。常用的连接方法有焊接连接、螺栓连接与铆接连接等。

(1) 焊接连接

焊接连接广泛应用于钢结构部件的组合，如塔式起重机的塔身、起重臂、回转平台等钢结构部件；施工升降机的吊笼、导轨架；高处作业吊篮的吊篮作业平台、悬挂机构；整体附着升降脚手架的竖向主框架、水平承力桁架等钢结构件采用焊缝连接成为一个整体性的部件。焊缝连接也用于长期或永久性的固结，如钢结构的建筑物；也可用于临时单件结构的定位。

钢结构钢材之间的焊接形式主要有正接填角焊缝、搭接填角焊缝、对接焊缝及塞焊缝等，如图 1-44 所示。

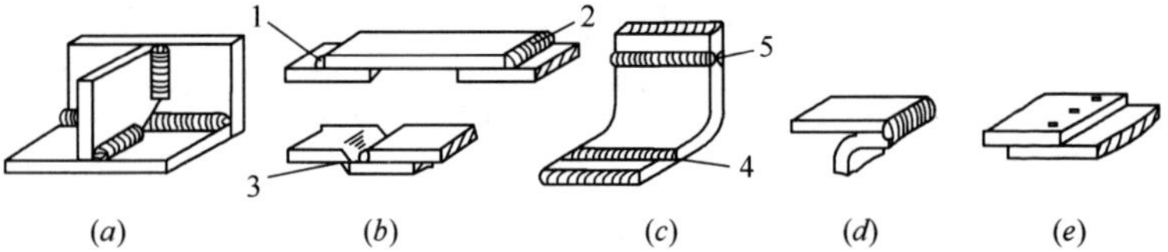

图 1-44　钢结构的焊接形式

(a) 正接填角焊缝；(b) 搭接填角焊缝；(c) 对接焊缝；(d) 边缘焊缝；(e) 塞焊缝
1—双面式；2—单面式；3—插头式；4—单面对接；5—双面对接

(2) 螺栓连接

螺栓连接广泛应用于可拆卸连接，螺栓连接主要有普通螺栓连接与高强度螺栓连接两种。

1) 普通螺栓连接

普通螺栓连接分为精制螺栓（A 级与 B 级）和粗制螺栓（C 级）连接。

普通螺栓材质一般采用 Q235 钢。普通螺栓的强度等级为 3.6～6.8 级；直径为 3～64mm。

2) 高强度螺栓连接

高强度螺栓按强度可分为 8.8、9.8、10.9 级和 12.9 级四个等级（扭剪型高强度螺栓强度仅 10.9 级），直径一般为 12～42mm，按受力状态可分为抗剪螺栓和抗拉螺栓。

(3) 铆接连接

铆接连接因制造费工费时、用料较多及结构重量较大，现已很少采用。只有在钢材的焊接性能较差时，或在主要承受动力荷载的重型结构中才采用（如桥梁、吊车梁等）。建筑机械的钢结构一般不用铆接连接。

1.5.6　焊缝表面质量检查

焊缝外形尺寸如焊缝长度、高度等应满足设计要求，在重要焊接部位，可采用磁粉探伤或超声波探伤，甚至用 X 光射线探伤进行判断焊缝质量。一般外观质量检查要求焊缝饱满、连续、平滑、无缩孔、杂质等缺陷。

1.5.7 钢结构的安全使用

钢结构构件可承受拉力、压力、水平力、弯矩、扭矩等荷载，而组成钢结构的基本构件是轴心受力构件，包括轴心受拉构件和轴心受压构件。

要确保钢结构的安全使用，应做好以下几点：

（1）组成钢结构的每个基本构件应完好，不允许存在变形、破坏的现象，一旦有一根基本构件破坏，将会导致钢结构整体的失稳、倒塌等事故。

（2）结构的连接应正确牢固，由于钢结构是由基本构件连接组成，所以有一处连接失效同样会造成钢结构的整体失稳、倒塌，造成事故。

（3）在允许的载荷及规定的作业条件下使用。

1.6 起重吊装基础知识

起重吊装作业是设备、设施安装、拆卸过程中的一个重要环节。对于不同的设备、设施，在运输和安装过程中，必须使用适当的起重吊装运输机具，采用相应的起重吊装运输方法。

起重吊装是把所要安装的设备、设施，用起重设备或人工方法将其吊运至预定安装的位置上的过程。

1.6.1 吊点的选择

在起重作业中，应当根据被吊物体来选择吊点位置，吊点位置选择不当就会造成绳索受力不均，甚至发生被吊物体转动、倾翻的危险。吊点位置的选择，一般按下列原则进行：

（1）吊运各种设备、构件时要用原设计的吊耳或吊环。

（2）吊运各种设备、构件，如果没有吊耳或吊环，可在设备四个端点上捆绑吊索，然后根据设备具体情况，选择吊点，使吊点与重心在同一条垂线上。但有些设备未设吊耳或吊环，如各种罐类以及重要设备，往往有吊点标记，应仔细检查。

（3）吊运方形物体时，四根绳应拴在物体的四边对称点上。

（4）吊装细长物体时，如桩、钢筋、钢柱、钢梁杆件，应按计算确定的吊点位置绑扎绳索，吊点位置的确定有以下几种情况：

1）一个吊点：起吊点位置应设在距起吊端 0.3L（L 为物体的长度）处。如钢管长度为 10m，则捆绑位置应设在钢管起吊点距端部 10×0.3=3m 处，如图 1-45（*a*）所示。

2）两个吊点：如起吊用两个吊点，则两个吊点应分别距物体两端 0.21L 处。如果物体长度为 10m，则吊点位置为 10×0.21=2.1m，如图 1-45（*b*）所示。

3）三个吊点：如物体较长，为减少起吊时物体所产生的应力，可采用三个吊点。三个吊点位置确定的方法是，首先用 0.13L 确定出两端的两个吊点位置，然后把两吊点间的距离等分，即得第三个吊点的位置，也就是中间吊点的位置。如杆件长 10m，则两端吊点位置为 10×0.13=1.3m，如图 1-45（*c*）所示。

4）四个吊点：选择四个吊点，首先用 0.095L 确定出两端的两个吊点位置，然后再把两吊点间的距离进行三等分，即得中间两吊点位置。如杆件长 10m，则两端吊点位置分别距两端 10×0.095=0.95m，中间两吊点位置分别距两端 10×0.095+10×(1−0.095×2)/3，如图 1-45（*d*）所示。

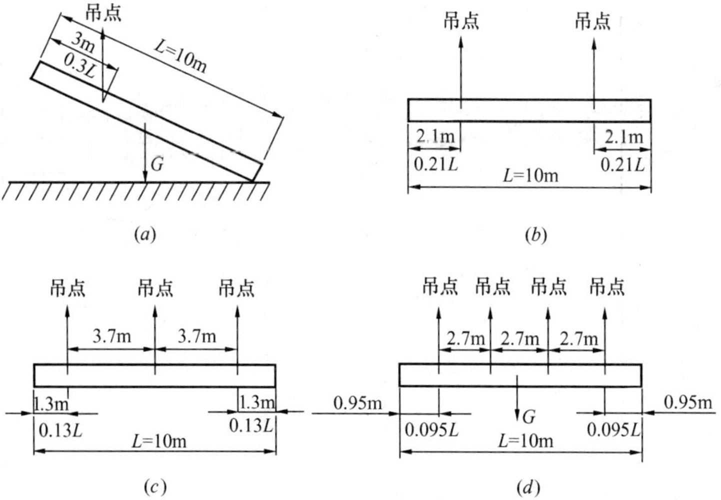

图 1-45　吊点位置选择示意图

(*a*) 单个吊点；(*b*) 两个吊点；(*c*) 三个吊点；(*d*) 四个吊点

1.6.2　常用起重索具

起重吊装作业中要使用许多辅助工具，如钢丝绳、滑轮组、卷扬机等。

(1) 钢丝绳

钢丝绳是起重作业中必备的重要部件，广泛用于捆绑物体以及起重机的起升、牵引、缆风等。钢丝绳通常由多根钢丝捻成绳股，再由多股绳股围绕绳芯捻制而成，具有强度高、自重轻、弹性大等特点，能承受振动荷载，能卷绕成盘，能在高速下平稳运动且噪声小。

1) 钢丝绳分类

按《重要用途钢丝绳》(GB 8918—2006) 规定，钢丝绳分类如下：

①按绳和股的断面、股数和股外层钢丝绳的数目分类，见表1-6。

钢丝绳的分类 **表 1-6**

组别	类别		分类原则	典型结构		直径范围(mm)
				钢丝绳	股绳	
1	圆股钢丝绳	6×7	6个圆股,每股外层丝可到7根,中心丝(或无)外捻制1～2层钢丝,钢丝等捻距	6×7 6×9W	(6+1) (3/3+3)	2～36 14～36
2	圆股钢丝绳	6×19(*a*)	6个圆股,每股外层丝可到8～12根,中心丝外捻制2～3层钢丝,钢丝等捻距	6×19S 6×19W 6×25Fi 6×26SW 6×31SW	(9+9+1) (6/6+6+1) (12+6F+6+1) (10+5/5+5+1) (12+6/6+6+1)	6～36 6～41 14～44 13～40 12～46
2	圆股钢丝绳	6×19(*b*)	6个圆股,每股外层丝12根,中心丝外捻制2层钢丝	6×19	(12+6+1)	3～46
3	圆股钢丝绳	6×37(*a*)	6个圆股,每股外层丝可到14～18根,中心丝外捻制3～4层钢丝,钢丝等捻距	6×29Fi 6×36SW 6×37S(点线接触) 6×41SW 6×49SWS 6×55SWS	(14+7F+7+1) (14+7/7+7+1) (15+15+6+1) (16+8/8+8+1) (16+8/8+8+1) (18+9/9+9+9+1)	10～44 12～60 10～60 32～60 36～60 36～64
3	圆股钢丝绳	6×37(*b*)	6个圆股,每股外层丝8根,中心丝外捻制3层钢丝	6×37	(18+12+6+1)	5～66

续表

组别	类别		分类原则	典型结构		直径范围（mm）
				钢丝绳	股绳	
4	圆股钢丝绳	8×19	8个圆股，每股外层丝可到8～12根，中心丝外捻制2～3层钢丝，钢丝等捻距	8×19S 8×19W 8×25Fi 8×26SW 8×31SW	(9+9+1) (6/6+6+1) (12+6F+6+1) (10+5/5+6+1) (12+6/6+6+1)	11～44 10～48 18～52 16～48 14～56
5		8×37	8个圆股，每股外层丝可到14～18根，中心丝外捻制3～4层钢丝，钢丝等捻距	8×36SW 8×41SW 8×49SWS 8×55SWS	(14+7/7+7+1) (16+8/8+8+1) (16+8/8+8+8+1) (16+9/9+9+9+1)	14～60 40～56 44～64 44～4
6		17×7	钢丝绳中有17个或18个圆股，在纤维芯或钢芯外捻制2层股	17×7 18×7 18×19W 18×19S 18×19	(6+1) (6+1) (6/6+6+1) (9+9+1) (12+6+1)	6～44 6～44 14～44 14～44 10～44
7		34×7	钢丝绳中有34个或36个圆股，在纤维芯或钢芯外捻制3层股	34×7 36×7	(6+1) (6+1)	16～44 16～44
8		6×24	6个圆股，每股外层丝12～16根，在纤维芯外捻制2层股	6×24 6×24S 6×24W	(15+9+FC) (12+12+FC) (8/8+8+FC)	8～40 10～44 10～44

施工现场起重作业一般使用圆股钢丝绳，常见的断面形式如图 1-46、图 1-47 所示。

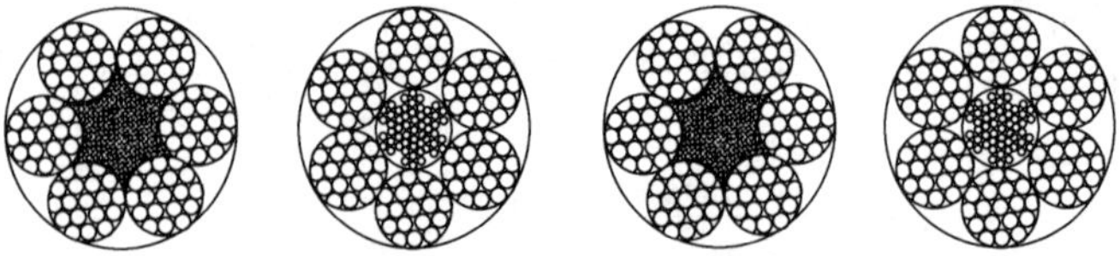

(*a*)　(*b*)　(*c*)　(*d*)

图 1-46　6×19 钢丝绳断面图

（*a*）6×19S+FC；（*b*）6×19S+IWR；（*c*）6×19W+FC；（*d*）6×19W+IWR

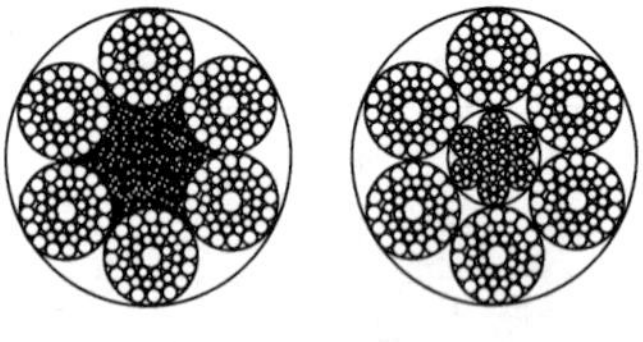

(*a*)　(*b*)

图 1-47　6×37S 钢丝绳断面图

（*a*）6×37S+FC；（*b*）6×37S+IWR

②钢丝绳按捻法分为右交互捻（ZS）、左交互捻（SZ）、右同向捻（ZZ）和左同向捻（SS）四种，如图 1-48 所示。

③钢丝绳按绳芯不同分为纤维芯和钢芯。纤维芯钢丝绳比较柔软，易弯曲，纤维芯可浸油作润滑、防锈，减少钢丝间的摩擦；金属芯的钢丝绳耐高温、耐重压、硬度大、不易弯曲。

(*a*)　(*b*)　(*c*)　(*d*)

图 1-48　钢丝绳按捻法分类

（*a*）右交互捻；（*b*）左交互捻；（*c*）右同向捻；（*d*）左同向捻

2）标记

根据《钢丝绳术语、标记和分类》（GB/T 8706—2006）规定，钢丝绳的标记格式如图 1-49 所示。

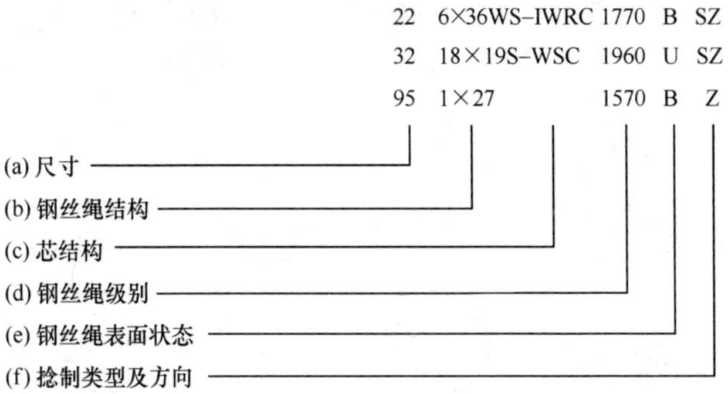

图 1-49　钢丝绳的标记示例

3）钢丝绳的选用

钢丝绳的选用应遵循下列原则：

①能承受所要求的拉力，保证足够的安全系数。

②能保证钢丝绳受力不发生扭转。

③耐疲劳，能承受反复弯曲和振动作用。

④有较好的耐磨性能。

⑤与使用环境相适应：高温或多层缠绕的场合宜选用金属芯；高温、腐蚀严重的场合宜选用石棉芯；有机芯易燃，不能用于高温场合。

⑥必须有产品检验合格证。

4）钢丝绳的储存

①运输过程中，应注意不要损坏钢丝绳表面。

②钢丝绳应储存于干燥有木地板或沥青、混凝土地面的仓库里，以免腐蚀。在堆放时，成卷的钢丝绳应竖立放置（即卷轴与地面平行），不得平放。

③必须在露天存放时，地面上应垫木方，并用防水毡布

覆盖。

5）钢丝绳的松卷

①在整卷钢丝绳中引出一个绳头并拉出一部分重新盘绕成卷时，松绳的引出方向和重新盘绕成卷的绕行应保持一致，不得随意抽取，以免形成圈套和死结，如图 1-50 所示。

图 1-50　钢丝绳的松卷

②当由钢丝绳卷直接往起升机构卷筒上缠绕时，应把整卷钢丝绳架在专用的支架上，松卷时的旋转方向应与起升机构卷筒上绕绳的方向一致；卷筒上绳槽的走向应同钢丝绳的捻向相适应。

③在钢丝绳松卷和重新缠绕过程中，应避免钢丝绳与污泥接触，以防止钢丝绳生锈。

④钢丝绳严禁与电焊线碰触。

6）钢丝绳的截断

在截断钢丝绳时，宜使用专用刀具或砂轮锯截断，较粗钢丝绳可用乙炔切割。如图 1-51 所示，截断钢丝绳时，要在截分处进行扎结，扎结绕向必须与钢丝绳股的绕向相反，扎结须紧固，以免钢丝绳在断头处松开。

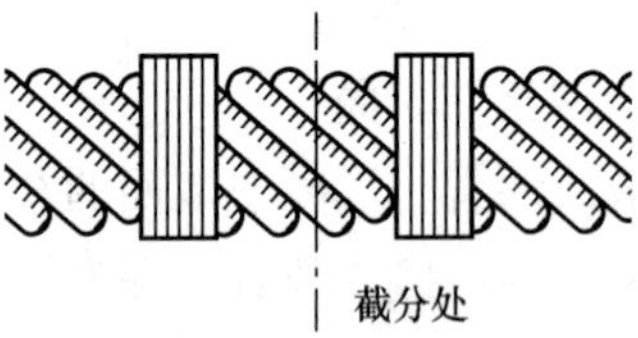

图 1-51　钢丝绳的扎结与截断

缠扎宽度随钢丝绳直径大小而定，直径为15～24mm，扎结宽度应不小于25mm；对直径为25～30mm的钢丝绳，其缠扎宽度应不小于40mm；对于直径为31～44mm钢丝绳，其扎结宽度不得小于50mm；直径为45～51mm的钢丝绳，扎结宽度不得小于75mm。扎结处与截断口之间的距离应不小于50mm。

7）钢丝绳的穿绕

钢丝绳的使用寿命，在很大程度上取决于穿绕方式是否正确，因此，要由训练有素的技工细心地进行穿绕，并应在穿绕时将钢丝绳涂满润滑脂。

穿绕钢丝绳时，必须注意检查钢丝绳的捻向。如俯仰变幅动臂式塔式起重机的臂架拉绳捻向必须与臂架变幅绳的捻向相同。起升钢丝绳的捻向必须与起升卷筒上的钢丝绳绕向相反。

8）钢丝绳的固定与连接

钢丝绳与其他零构件连接或固定应注意连接或固定方式与使用要求相符，连接或固定部位应达到相应的强度和安全要求。常用的连接和固定方式有以下几种，如图1-52所示。

①编结连接。如图1-52（*a*）所示，编结长度不应小于钢丝

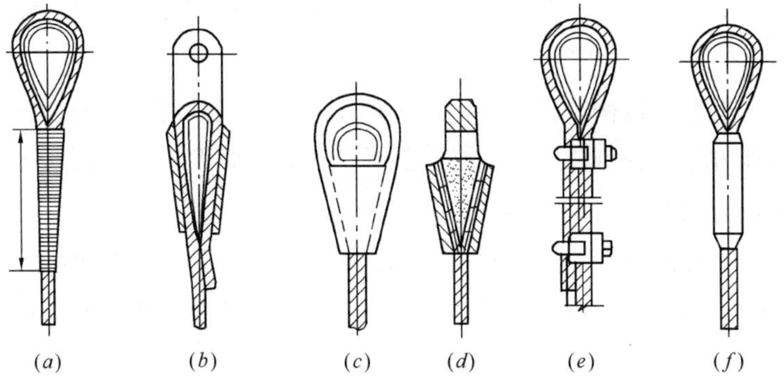

图1-52　钢丝绳固定与连接

（*a*）编结连接；（*b*）楔块、楔套连接；（*c*）、（*d*）锥形套浇铸法；（*e*）绳夹连接；（*f*）铝合金套压缩法

绳直径的15倍，且不应小于300mm；连接强度不小于75%钢丝绳破断拉力。

②楔块、楔套连接。如图1-52（*b*）所示，钢丝绳一端绕过楔块，利用楔块在套筒内的锁紧作用使钢丝绳固定。固定处的强度约为钢丝绳自身强度的75%～85%。楔套应用钢材制造，连接强度不小于75%钢丝绳破断拉力。

③锥形套浇铸法。如图1-52（*c*）、（*d*）所示，先将钢丝绳拆散，切去绳芯后插入锥套内，再将钢丝绳末端弯成钩状，然后灌入熔融的铅液，经过冷却即成。

④绳夹连接。如图1-52（*e*）所示，绳夹连接简单、可靠，被广泛应用。

⑤铝合金套压缩法。如图1-52（*f*）所示，钢丝绳末端穿过锥形套筒后松散钢丝，将头部钢丝弯成小钩，浇入金属液凝固而成。其连接应满足相应的工艺要求，固定处的强度与钢丝绳自身的强度大致相同。

9）钢丝绳的使用和维护

①钢丝绳在卷筒上，应按顺序整齐排列。

②荷载由多根钢丝绳承受时，应设有各根钢丝绳受力的均衡装置。

③起升机构和变幅机构，不得使用编结接长的钢丝绳。使用其他方法接长钢丝绳时，必须保证接头连接强度不小于钢丝绳破断拉力的90%。

④起升高度较大的起重机，宜采用不旋转、无松散倾向的钢丝绳。采用其他钢丝绳时，应有防止钢丝绳和吊具旋转的装置或措施。

⑤当吊钩处于工作位置最低点时，钢丝绳在卷筒上的缠绕，除固定绳尾的圈数外，必须不少于3圈。

⑥应防止损伤、腐蚀或其他物理、化学因素造成的性能

降低。

⑦钢丝绳开卷时，应防止打结或扭曲；钢丝绳切断时，应有防止绳股散开的措施。

⑧安装钢丝绳时，不应在不洁净的地方拖线，也不应缠绕在其他物体上，应防止划、磨、碾、压和过度弯曲。

⑨领取钢丝绳时，必须检查该钢丝绳的合格证，以保证机械性能、规格符合设计要求。

⑩对日常使用的钢丝绳每天都应进行检查，包括对端部的固定连接、平衡滑轮处的检查，并作出安全性的判断。

10）钢丝绳的润滑

钢丝绳应保持良好的润滑状态。所用润滑剂应符合该绳的要求，并且不影响外观检查。润滑时应特别注意不易看到和润滑剂不易渗透到的部位，如平衡滑轮处的钢丝绳。

对钢丝绳定期进行系统润滑，可保证钢丝绳的性能，延长使用寿命。润滑之前，应将钢丝绳表面上积存的污垢和铁锈清除干净，最好是用镀锌钢丝刷将钢丝绳表面刷净。钢丝绳表面越干净，润滑油脂就越容易渗透到钢丝绳内部去，润滑效果就越好。钢丝绳润滑的方法有刷涂法和浸涂法。刷涂法就是人工使用专用的刷子，把加热的润滑脂涂刷在钢丝绳的表面上。浸涂法就是将润滑脂加热到 60℃，然后使钢丝绳通过一组导辊装置被张紧，同时使之缓慢地在容器里熔融的润滑脂中通过。

11）钢丝绳的检验检查

由于起重钢丝绳在使用过程中经常、反复受到拉伸、弯曲，当拉伸、弯曲的次数超过一定数值后，会使钢丝绳出现一种叫“金属疲劳”的现象，于是钢丝绳开始很快地损坏。同时，当钢丝绳受力伸长时钢丝绳之间产生摩擦，绳与滑轮槽底、绳与起吊件之间的磨擦等，使钢丝绳使用一定时间后就会出现磨损、断丝现象。此外，由于使用、储存不当，也可能造成钢丝绳的扭结、退火、变形、锈蚀、表面硬化、松捻等。钢丝绳在使用期间，一定要按规定进行定期检查，及早发现问题，及时保养或者更换报废，保证钢丝绳的安全使用。钢丝绳的检查包括外部检查与内部检查两部分。

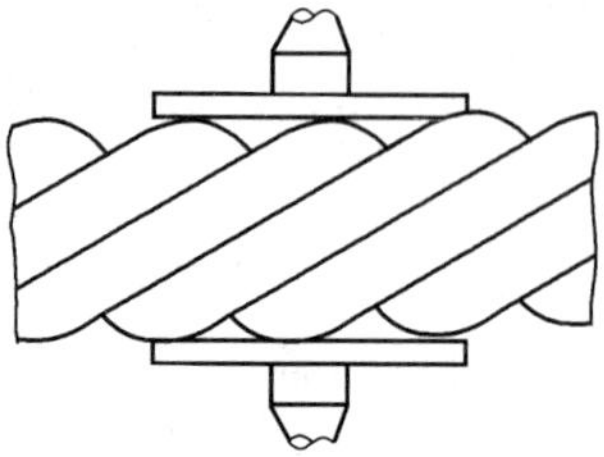

图 1-53　钢丝绳直径测量方法

①钢丝绳外部检查：

a. 直径检查：直径是钢丝绳极其重要的参数。通过对直径测量，可以反映出直径的变化速度、钢丝绳是否受到过较大的冲击载荷、捻制时股绳张力是否均匀一致、绳芯对股绳是否保持了足够的支撑能力。钢丝绳直径应用带有宽钳口的游标卡尺测量。其钳口的宽度要足以跨越两个相邻的股，如图 1-53 所示。

b. 磨损检查：钢丝绳在使用过程中产生磨损现象不可避免。通过对钢丝绳磨损检查，可以反映出钢丝绳与匹配轮槽的接触状况，在无法随时进行性能试验的情况下，根据钢丝磨损程度的大小推测钢丝绳实际承载能力。钢丝绳的磨损情况检查主要靠目测。

c. 断丝检查：钢丝绳在投入使用后，肯定会出现断丝现象，尤其是到了使用后期，断丝发展速度会迅速上升。由于钢丝绳在使用过程中不可能一旦出现断丝现象即停止继续运行，因此，通过断丝检查，尤其是对一个捻距内断丝情况检查，不仅可以推测钢丝绳继续承载的能力，而且根据出现断丝根数发展速度，间接预测钢丝绳使用疲劳寿命。钢丝绳的断丝情况检查主要靠目测计数。

d. 润滑检查：通常情况下，新出厂钢丝绳大部分在生产时已经进行了润滑处理，但在使用过程中，润滑油脂会流失减少。

鉴于润滑不仅能够对钢丝绳在运输和存储期间起到防腐保护作用，而且能够减少钢丝绳使用过程中钢丝之间、股绳之间和钢丝绳与匹配轮槽之间的摩擦，对延长钢丝绳使用寿命十分有益。因此，为把腐蚀、摩擦对钢丝绳的危害降低到最低程度，进行润滑检查十分必要。钢丝绳的润滑情况检查主要靠目测。

②钢丝绳内部检查：

对钢丝绳进行内部检查要比进行外部检查困难得多，但由于内部损坏（主要由锈蚀和疲劳引起的断丝）隐蔽性更大，因此，为保证钢丝绳安全使用，必须在适当的部位进行内部检查。

如图 1-54 所示，检查时将两个尺寸合适的夹钳相隔 100～200mm 夹在钢丝绳上反方向转动，股绳便会脱起。操作时，必须十分仔细，以避免股绳被过度移位造成永久变形（导致钢丝绳结构破坏）。

图 1-54　对一段连续钢丝绳做内部检验（张力为零）

如图 1-55 所示，小缝隙出现后，用螺钉旋具之类的探针拨动股绳并把妨碍视线的油脂或其他异物拨开，对内部润滑、钢丝锈蚀、钢丝及钢丝间相互运动产生的磨痕等情况进行仔细检查。检查断丝，一定要认真，因为钢丝断头一般不会翘起而不容易被发现。检查完毕后，稍用力转回夹钳，以使股绳完全恢复到原来位置。如果上述过程操作正确，钢丝绳不会变形。对靠近绳端的绳段特别是对固定钢丝绳应加以注意，诸如支持绳或悬挂绳。

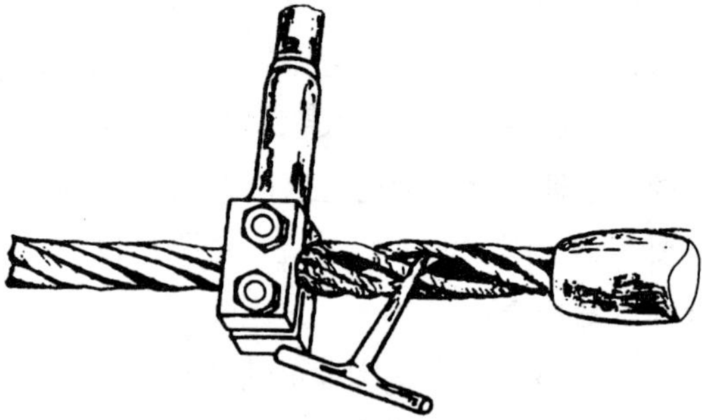

图 1-55　对靠近绳端装置的钢丝绳尾部做内部检验（张力为零）

③钢丝绳使用条件检查：

前面叙述的检查仅是对钢丝绳本身而言，这只是保证钢丝绳安全使用要求的一个方面。除此之外，还必须对与钢丝绳使用的外围条件——匹配轮槽的表面磨损情况、轮槽几何尺寸及转动灵活性进行检查，以保证钢丝绳在运行过程中与其始终处于良好的接触状态、运行摩擦阻力最小。

12）钢丝绳的报废

钢丝绳经过一定时间的使用，其表面的钢丝发生磨损和弯曲疲劳，使钢丝绳表层的钢丝逐渐折断，折断的钢丝数量越多，其他未断的钢丝承担的拉力越大，疲劳与磨损愈甚，促使断丝速度加快，这样便形成恶性循环。当断丝发展到一定程度，保证不了钢丝绳的安全性能，届时钢丝绳不能继续使用，则应予以报废。钢丝绳的报废还应考虑磨损、腐蚀、变形等情况。钢丝绳的报废应考虑钢丝的性质和数量、绳端断丝、断丝的局部聚集、断丝的增加率、绳股断裂、绳径减小、弹性降低、外部磨损、外部及内部腐蚀、变形、由于受热或电弧引起的破坏、永久伸长的增加率等项目。

钢丝绳的损坏往往由于多种因素综合累计造成的，国家对钢丝绳的报废有明确的标准，具体标准见附录 B《起重机用钢丝绳检验和报废实用规范》（GB/T 5972—2006）的规定。

13）钢丝绳计算

在允许的拉力范围内使用钢丝绳，是确保钢丝绳使用安全的重要原则。因此，根据现场情况计算钢丝绳的受力，对于选用合适的钢丝绳显得尤为重要。钢丝绳的允许拉力与其最小破断拉力、工作环境下的安全系数相关联。

①安全系数：

在钢丝绳受力计算和选择钢丝绳时，考虑到钢丝绳受力不均、负荷不准确、计算方法不精确和使用环境较复杂等一系列不利因素，应给予钢丝绳一个储备能力。因此，确定钢丝绳的受力时必须考虑一个系数，作为储备能力，这个系数就是选择钢丝绳的安全系数。

钢丝绳的安全系数是不可缺少的安全储备，绝不允许凭借这种安全储备而擅自提高钢丝绳的最大允许安全载荷，钢丝绳的安全系数见表 1-7。

钢丝绳的安全系数 **表 1-7**

用　　途	安全系数	用　　途	安全系数
作缆风	3.5	作吊索（无弯曲时）	6～7
用于手动起重设备	4.5	作捆绑吊索	8～10
用于机动起重设备	5～6	用于载人的升降机	14

②钢丝绳的最小破断拉力：

钢丝绳的最小破断拉力与钢丝绳的直径、结构（几股几丝及芯材）及钢丝的强度有关，是钢丝绳最重要的力学性能参数，其计算公式见式（1-7）：

$$F_0 = \frac{K'D^2R_0}{1000} \tag{1-7}$$

式中　F_0——钢丝绳最小破断拉力（kN）；

D——钢丝绳公称直径（mm）；

R_0——钢丝绳公称抗拉强度（MPa）；

K'——指定结构钢丝绳最小破断拉力系数。

钢丝绳的最小破断拉力可以通过查询钢丝绳质量证明书或力学性能表得到。

③钢丝绳的允许拉力：

允许拉力是钢丝绳实际工作中所允许的实际载荷，其与钢丝绳的最小破断拉力和安全系数关系见式（1-8）：

$$[F]=\frac{F_0}{K} \tag{1-8}$$

式中 $[F]$——钢丝绳允许拉力（kN）；

F_0——钢丝绳最小破断拉力（kN）；

K——钢丝绳的安全系数。

【例 1-2】 一规格为 6×19S＋FC 的钢丝绳，公称抗拉强度为 1750MPa，直径为 16mm。试确定使用单根钢丝绳所允许吊起的重物的最大重量。

【解】 已知钢丝绳规格为 6×19S＋FC，R_0＝1750MPa，D＝16mm。

查《重要用途钢丝绳》(GB 8918—2006)中表 10 可知，F_0＝133kN。

根据题意，该钢丝绳属于用作捆绑吊索，查表 1-7 知，K＝8，根据式（1-8），得：

$$[F]=\frac{F_0}{K}=\frac{133}{8}=16.625\text{kN}$$

该钢丝绳作捆绑吊索所允许吊起的重物的最大重量为 16.625kN。

在起重作业中，钢丝绳所受的应力很复杂，虽然可用数学公式进行计算，但因实际使用场合下计算时间有限，且没有必要算得十分精确。因此，人们常用估算法计算：

破断拉力

$$Q \approx 50D^2 \tag{1-9}$$

使用拉力

$$P \approx \frac{50D^2}{K} \tag{1-10}$$

式中 Q——公称抗拉强度 1570MPa 时的破断拉力（kg）；

P——钢丝绳使用近似拉力（kg）；

D——钢丝绳直径（mm）；

K——钢丝绳的安全系数。

【例 1-3】 选用一根直径为 16mm 的钢丝绳，用于吊索，设定安全系数为 8，试问它的破断力和使用拉力各为多少？

【解】 已知 $D=16\text{mm}$，$K=8$，得：

$$Q \approx 50D^2 = 50 \times 16^2 \approx 12800\text{kg}$$

$$P \approx \frac{50D^2}{K} = \frac{50 \times 16^2}{8} = 1600\text{kg}$$

该钢丝绳的破断拉力为 12800kg，允许使用拉力为 1600kg。

（2）吊索

吊索又称千斤索或千斤绳，常用在把设备等物体捆绑、连接在吊钩、吊环上或用来固定滑轮、卷扬机等吊装机具。一般用 6×61 和 6×37 钢丝绳制成。

1）吊索的形式大致可分为可调捆绑式吊索、无接头吊索、压制吊索、编制吊索和钢坯专用吊索五种，如图 1-56 所示。

2）常用的吊索绑扎方法

①平行吊装绑扎法。

平行吊装绑扎法一般有两种。一种是用一个吊点，适用于短小、重量轻的物体。在绑扎前应找准物体的重心，使被吊装的物体处于水平状态，这种方法简便实用，常采用单支吊索穿套结索法吊装作业。根据所吊物体的整体和松散性，选用单圈或双圈穿套结索法，如图 1-57 所示。

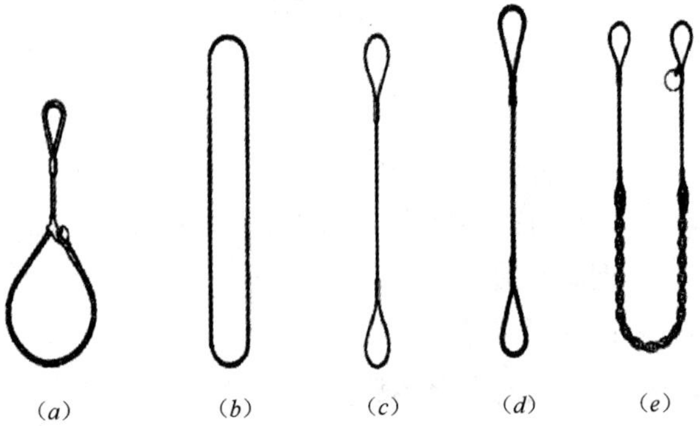

图 1-56　吊索

(*a*) 可调捆绑式吊索；(*b*) 无接头吊索；(*c*) 压制吊索；(*d*) 编制吊索；(*e*) 钢坯专用吊索

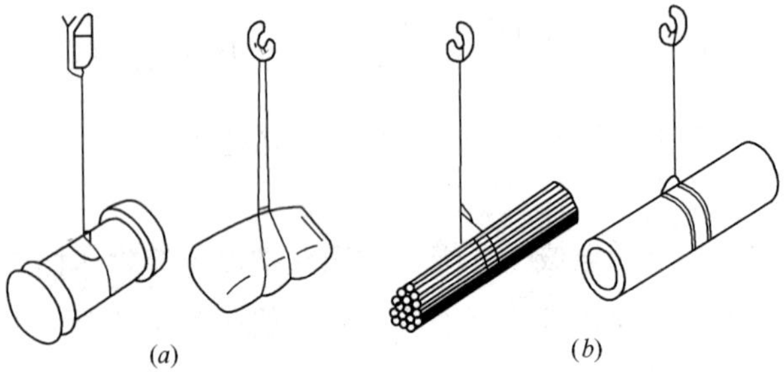

图 1-57　单双圈穿套结索法

(*a*) 单圈；(*b*) 双圈

另一种是用两个吊点，这种吊装方法是绑扎在物体的两端，常采用双支穿套结索法和吊篮式结索法，如图 1-58 所示，吊索之间夹角不得大于 120°。

②垂直斜形吊装绑扎法。

垂直斜形吊装绑扎法多用于物体外形尺寸较长、对物体安装有特殊要求的场合。其绑扎点多为一点绑法（也可两点绑扎）。

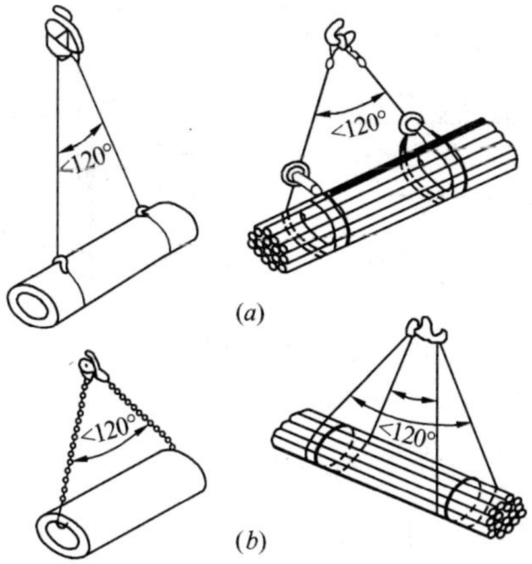

图 1-58　双圈穿套及吊篮结索法

(a) 双支单双圈穿套结索法；(b) 吊篮式结索法

绑扎位置在物体端部，绑扎时应根据物体质量选择吊索和卸扣，并采用双圈或双圈以上穿套结索法，防止物体吊起后发生滑脱，如图 1-59 所示。

③兜挂法：

如果物体重心居中可不用绑扎，采用兜挂法直接吊装，如图 1-60 所示。

1.6.3　常用起重吊具

(1) 吊钩

吊钩属起重机上重要取物装置之一。吊钩若使用不当，容易造成损坏和折断而发生重大事故，因此，必须加强对吊钩经常性的安全技术检验。

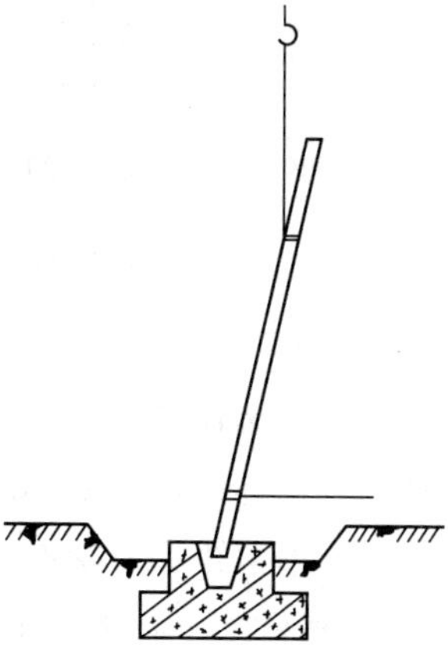

图 1-59　垂直吊装绑扎

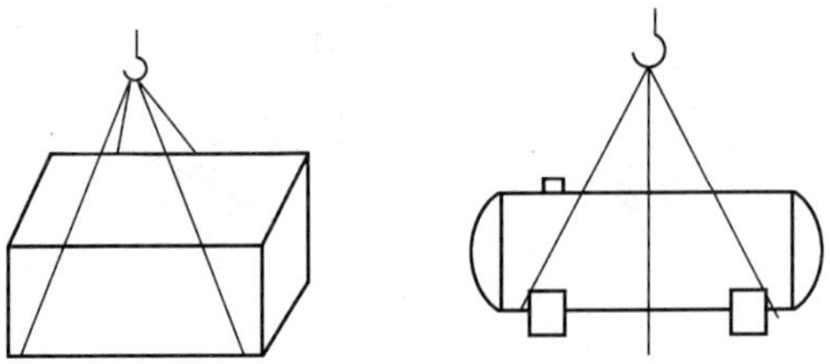

图 1-60　兜挂法

1）吊钩的分类

吊钩按制造方法可分为锻造吊钩和片式吊钩。锻造吊钩又可分为单钩和双钩，如图 1-61（*a*）、（*b*）所示。单钩一般用于小起重量，双钩多用于较大的起重量。锻造吊钩材料采用优质低碳镇静钢或低碳合金钢，如 20 号优质低碳钢、16Mn、20MnSi、36MnSi。片式吊钩由若干片厚度不小于 20mm 的 C3、20 号或 16Mn 的钢板铆接起来。片式吊钩也有单钩和双钩之分，如图 1-61（*c*）、（*d*）所示。

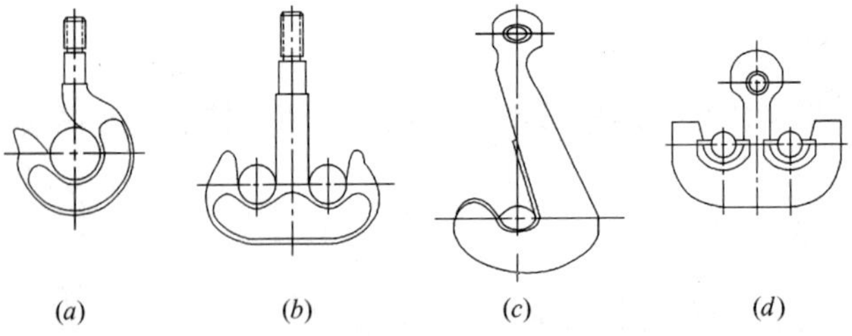

图 1-61　吊钩的种类

（*a*）锻造单钩；（*b*）锻造双钩；（*c*）片式单钩；（*d*）片式双钩

片式吊钩比锻造吊钩安全，因为吊钩板片不可能同时断裂，个别板片损坏还可以更换。吊钩按钩身（弯曲部分）的断面形状可分为圆形、矩形、梯形和 T 字形断面吊钩。

2）吊钩安全技术要求

吊钩应有出厂合格证明，在低应力区应有额定起重量标记。

①吊钩的危险断面。

对吊钩的检验，必须先了解吊钩的危险断面所在，通过对吊钩的受力分析，可以了解吊钩的危险断面有三个。

如图 1-62 所示，假定吊钩上吊挂重物的重量为 Q，由于重物重量通过钢丝绳作用在吊钩的Ⅰ—Ⅰ断面上，有把吊钩切断的趋势，该断面上受切应力；由于重量 Q 的作用，在Ⅱ—Ⅱ断面，有把吊钩拉断的趋势，这个断面就是吊钩钩尾螺纹的退刀槽，这个部位受拉应力；由于 Q 力对吊钩产生拉、切力之后，还有把吊钩拉直的趋势，也就是对Ⅰ—Ⅰ断面以左的各断面除受拉力以外，还受到力矩的作用。因此，Ⅱ—Ⅱ断面受 Q 的拉力，使整个断面受切应力，同时受力矩的作用。另外，Ⅱ—Ⅱ断面的内侧受拉应力，外侧受压应力，根据计算，内侧拉应力比外侧压应力大一倍多。所以，吊钩做成内侧厚、外侧薄就是这个道理。

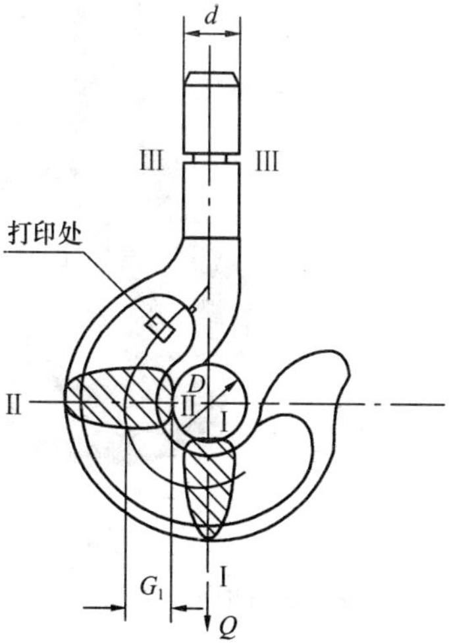

图 1-62　吊钩的危险断面

②吊钩的检验。

吊钩的检验一般先用煤油洗净钩身，然后用 20 倍放大镜检查钩身是否有疲劳裂纹，特别对危险断面的检查要认真、仔细。钩柱螺纹部分的退刀槽是应力集中处，要注意检查有无裂缝。对板钩还应检查衬套、销子、小孔、耳环及其他紧固件是否有松动、磨损现象。对一些大型、重型起重机的吊钩还应采用无损探伤法检验其内部是否存在缺陷。

③吊钩的保险装置。

吊钩必须装有可靠防脱棘爪（吊钩保险），防止工作时索具脱钩，如图 1-63 所示。

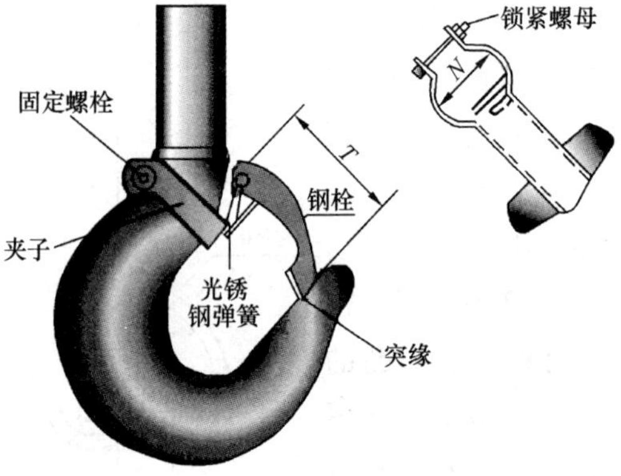

图 1-63　吊钩防脱棘爪

3）吊钩的报废

吊钩禁止补焊，有下列情况之一时，应予以报废：

①用 20 倍放大镜观察表面有裂纹。

②钩尾和螺纹部分等危险截面及钩筋有永久性变形。

③挂绳处截面磨损量超过原高度的 10%。

④心轴磨损量超过其直径的 5%。

⑤开口度比原尺寸增加 15%。

（2）卸扣

卸扣又称卡环，是起重作业中广泛使用的连接工具，它与钢丝绳等索具配合使用，拆装颇为方便。

1）卸扣的分类

卸扣按其外形分为直形和椭圆形，如图 1-64 所示。

按活动销轴的形式可分为销子式和螺栓式，如图 1-65 所示。

2）卸扣使用注意事项

①卸扣必须是锻造的，一般是用 20 号钢锻造后经过热处理

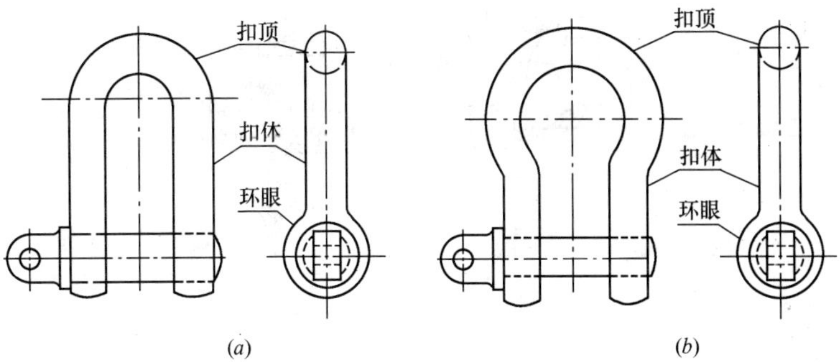

图 1-64 卸扣

（a）直形卸扣；（b）椭圆形卸扣

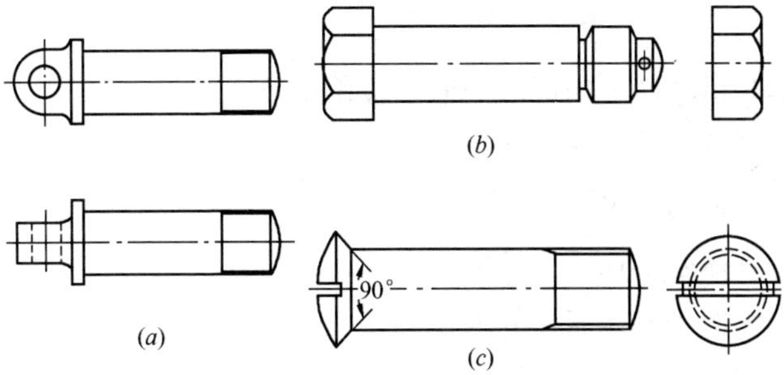

图 1-65 销轴的几种形式

（a）W 型，带有环眼和台肩的螺纹销轴；（b）X 型，六角头螺栓、六角螺母和开口销；（c）Y 型，沉头螺钉

而制成的，以便消除残余应力和增加其韧性，不能使用铸造和补焊的卡环。

②使用时不得超过规定的荷载，应使销轴与扣顶受力，不能横向受力。横向使用会造成扣体变形。

③吊装时使用卸扣绑扎，在吊物起吊时应使扣顶在上，销轴在下，如图 1-66 所示，使绳扣受力后压紧销轴，销轴因受力，在销孔中产生摩擦力，使销轴不易脱出。

④不得从高处往下抛掷卸扣，以防止卸扣落地碰撞变形和内

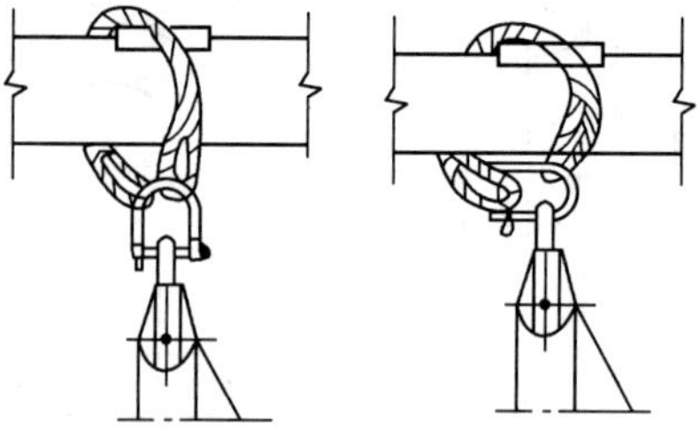

图 1-66　卸扣的使用示意图

（*a*）正确的使用方法（*b*）错误的使用方法

部产生损伤及裂纹。

3）卸扣的报废

卸扣出现以下情况之一时，应予报废：

①裂纹。

②磨损达原尺寸的 10%。

③本体变形达原尺寸的 10%。

④横销变形达原尺寸的 5%。

⑤螺栓坏扣或滑扣。

⑥卸扣不能闭锁。

（3）钢丝绳夹

主要用于钢丝绳的连接和钢丝绳穿绕滑车组时绳端的固定，以及桅杆上缆风绳绳头的固定等，如图 1-67 所示。钢丝绳夹是起重吊装作业中使用较广的钢丝绳夹具。常用的绳夹为骑马式绳夹和“U”形绳夹。

1）钢丝绳夹布置，应把绳夹座扣在钢丝绳的工作段上，U 形螺栓扣在钢丝绳的尾段上，如图 1-68 所示。钢丝绳夹不得在钢丝绳上交替布置。

2）钢丝绳夹数量应符合表 1-8 的规定。

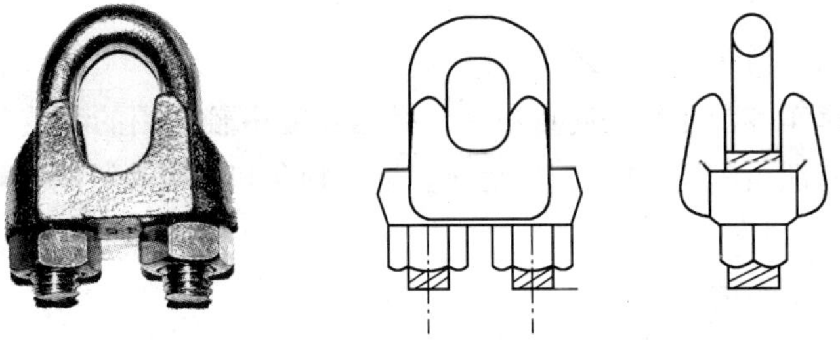

图 1-67　钢丝绳夹

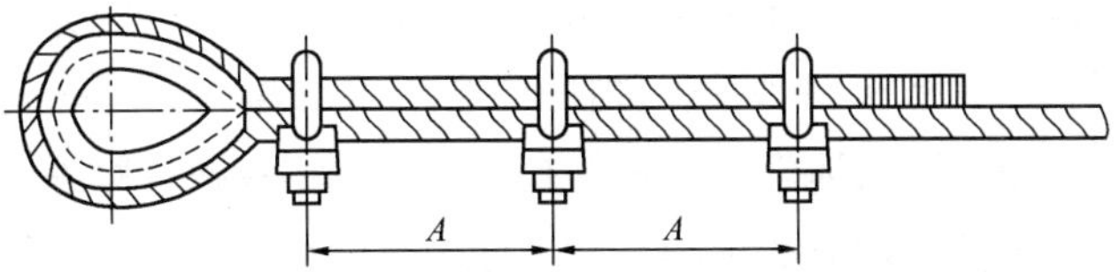

图 1-68　钢丝绳夹的布置

钢丝绳夹的数量　　　　**表 1-8**

绳夹规格（钢丝绳直径）(mm)	≤18	18～26	26～36	36～44	44～60
绳夹最少数量（组）	3	4	5	6	7

3）钢丝绳夹间的距离 A（图 1-66）应等于钢丝绳直径的6～7倍。

4）钢丝绳夹固定处的强度决定于绳夹在钢丝绳上的正确布置，以及绳夹固定和夹紧的谨慎和熟练程度。不恰当的紧固螺母或钢丝绳夹数量不足可能使绳端在承载时，一开始就产生滑动。

5）在实际使用中，绳夹受载一、二次以后应作检查，在多数情况下，螺母需要进一步拧紧。

6）钢丝绳夹紧固时须考虑每个绳夹的合理受力，离套环最远处的绳夹不得首先单独紧固；离套环最近处的绳夹（第一个绳夹）应尽可能地紧靠套环，但仍须保证绳夹的正确拧紧，不得损坏钢丝绳的强度。

7）绳夹在使用后要检查螺栓丝扣有否损坏，如暂不使用时，要在丝扣部位涂上防锈油并存放在干燥的地方，以防生锈。

（4）滑车和滑车组

滑车和滑车组是起重吊装、搬运作业中较常用的起重工具。滑车一般由吊钩（链环）、滑轮、轴、轴套和夹板等组成。

1）滑车

①滑车的种类。

滑车按滑轮的多少，可分为单门（一个滑轮）、双门（两个滑轮）和多门等几种；按连接件的结构形式不同，可分为吊钩型、链环型、吊环型和吊梁型四种；按滑车的夹板形式分，有开口滑车和闭口滑车两种等，如图 1-69 所示。开口滑车的夹板可以打开，便于装入绳索，一般都是单门，常用在拔杆脚等处作导向用。滑车按使用方式不同，又可分为定滑车和动滑车两种。定滑车在使用中是固定的，可以改变用力的方向，但不能省力；动滑车在使用中是随着重物移动而移动的，它能省力，但不能改变力的方向。

②滑车的允许荷载。

滑车的允许荷载，可根据滑轮和轴的直径确定。一般滑车上

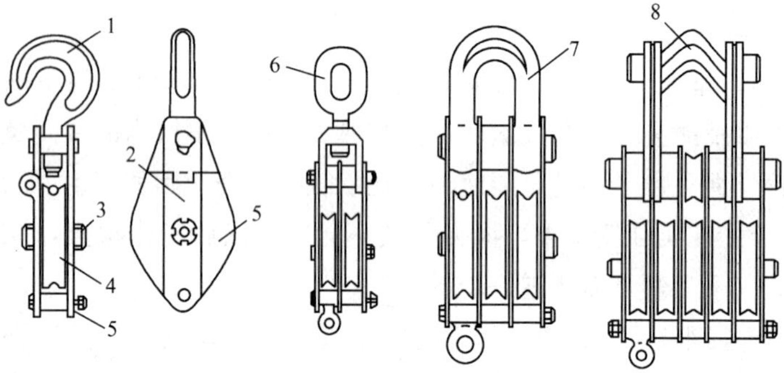

图 1-69　滑车

(*a*) 单门开口吊钩型；(*b*) 双门闭口链环型；(*c*) 三门闭口吊环型；(*d*) 三门吊梁型

1—吊钩；2—拉杆；3—轴；4—滑轮；5—夹板；6—链环；7—吊环；8—吊梁

都有标明，使用时应根据其标定的数值选用，同时滑轮直径还应与钢丝绳直径匹配。

双门滑车的允许荷载为同直径单门滑车允许荷载的两倍，三门滑车为单门滑车的三倍，以此类推。同样，多门滑车的允许荷载就是它的各滑轮允许荷载的总和。因此，如果知道某一个四门滑车的允许荷载为 20000kg，则其中一个滑轮的允许荷载为 5000kg。即对于这四门滑车，若工作中仅用一个滑轮，只能负担 5000kg；用两个，只能负担 10000kg，只有四个滑轮全用时才能负担 20000kg。

2）滑车组

滑车组是由一定数量的定滑车和动滑车及绕过它们的绳索组成的简单起重工具。它能省力也能改变力的方向。

①滑车组的种类。

滑车组根据跑头引出的方向不同，可以分为跑头自动滑车引出和跑头自定滑车引出两种。如图 1-70（*a*）所示，跑头自动滑车引出，这时用力的方向与重物移动的方向一致。如图 1-70（*b*）所示，跑头自定滑车绕出，这时用力的方向与重物移动的方向相反。在采用多门滑车进行吊装作业时常采用双联滑车组。如图 1-70（*c*）所示，双联滑车组有两个跑头，可用两台卷扬机同时牵引，其速度快一倍，滑车组受力比较均衡，滑车不易倾斜。

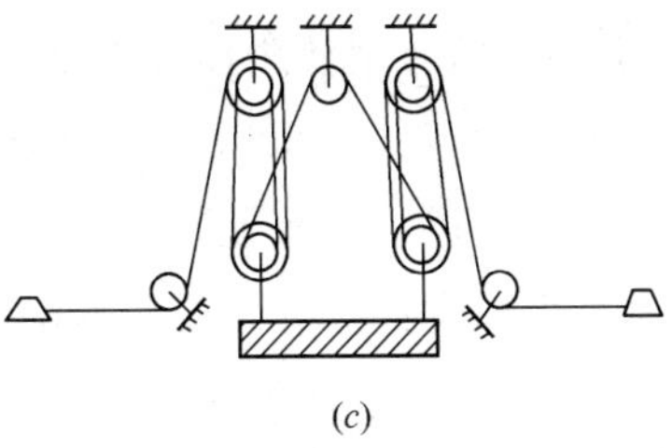

图 1-70　滑车组的种类

（*a*）跑头自动滑车绕出；（*b*）跑头自定滑车绕出；（*c*）双联滑车组

②滑车组绳索的穿法。

滑车组中绳索有普通穿法和花穿法两种，如图 1-71 所示。普通穿法是将绳索自一侧滑轮开始，顺序地穿过中间的滑轮，最后从另一侧的滑轮引出，如图 1-71（*a*）所示。滑车组在工作时，由于两侧钢丝绳的拉力相差较大，跑头 7 的拉力最大，第 6 根为次，顺次至固定头受力最小，所以滑车在工作中不平稳。如图 1-71（*b*）所示，花穿法的跑头从中间滑轮引出，两侧钢丝绳的拉力相差较小，所以能克服普通穿法的缺点。在用“三三”以上的滑车组时，最好用花穿法。滑车组中动滑车上穿绕绳子的根数，习惯上叫“走几”，如动滑车上穿绕三根绳子，叫“走三”，穿绕四根绳子叫“走四”。

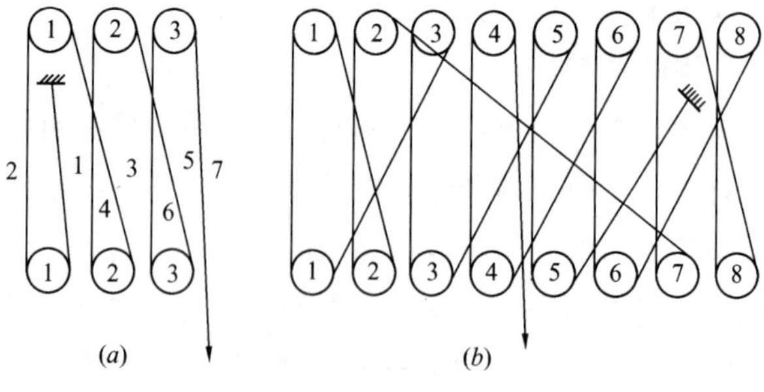

图 1-71　滑车组的穿法

（*a*）普通穿法；（*b*）花穿法

3）滑车及滑车组使用注意事项

①使用前应查明标识的允许荷载，检查滑车的轮槽、轮轴、夹板、吊钩（链环）等有无裂缝和损伤，滑轮转动是否灵活。

②滑车组绳索穿好后，要慢慢地加力，绳索收紧后应检查各部分是否良好，有无卡绳现象。

③滑车的吊钩（链环）中心，应与吊物的重心在一条垂线上，以免吊物起吊后不平稳，滑车组上下滑车之间的最小距离应

根据具体情况而定，一般为700～1200mm。

④滑车在使用前、后都要刷洗干净，轮轴要加油润滑，防止磨损和锈蚀。

⑤为了提高钢丝绳的使用寿命，滑轮直径最小不得小于钢丝绳直径的16倍。

4）滑轮的报废

滑轮出现下列情况之一时，应予以报废：

①裂纹或轮缘破损。

②滑轮绳槽壁厚磨损量达原壁厚的20%。

③滑轮底槽的磨损量超过相应钢丝绳直径的25%。

（5）链式滑车

1）链式滑车类型和用途

链式滑车又称“捯链”、“手拉葫芦”。它适用于小型设备和物体的短距离吊装，可用来拉紧缆风绳，以及用在构件或设备运输时拉紧捆绑的绳索，如图1-72所示。链式滑车具有结构紧凑、手拉力小、携带方便、操作简单等优点，它不仅是起重常用的工具，也常用作机械设备的检修拆装工具。

链式滑车可分为环链蜗杆滑车、片状链式蜗杆滑车和片状链式齿轮滑车等。

2）链式滑车的使用

链式滑车在使用时应注意以下几点：

①使用前需检查传动部分是否灵活，链子和吊钩及轮轴是否有裂纹损伤，手拉链是否有跑链或掉链等现象。

②挂上重物后，要慢慢拉动链条，当起重链条受力后再检查各部分有无变化，自锁装置是否起作用，经检查确认各部分情况良好后，方可继续工作。

图1-72 链式滑车

③在任何方向使用时，拉链方向应与链轮方向相同，防止手拉链脱槽，拉链时力量要均匀，不能过快过猛。

④当手拉链拉不动时，应查明原因，不能增加人数猛拉，以免发生事故。

⑤起吊重物中途停止的时间较长时，要将手拉链栓在起重链上，以防时间过长而自锁失灵。

⑥转动部分要经常上油，保证滑润，减少磨损，但切勿将润滑油渗进摩擦片内，以防自锁失灵。

（6）螺旋扣

螺旋扣又称“花篮螺栓”，如图 1-73 所示，其主要用在张紧和松弛拉索、缆风绳等，故又被称为“伸缩节”。其形式有多种，尺寸大小则随负荷轻重而有所不同。其结构形式如图 1-74 所示。

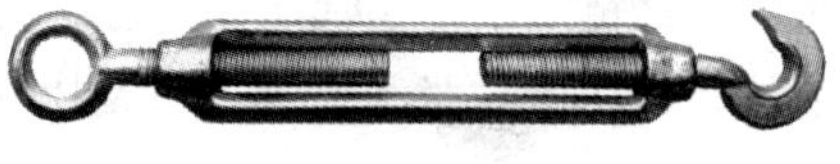

图 1-73　螺旋扣

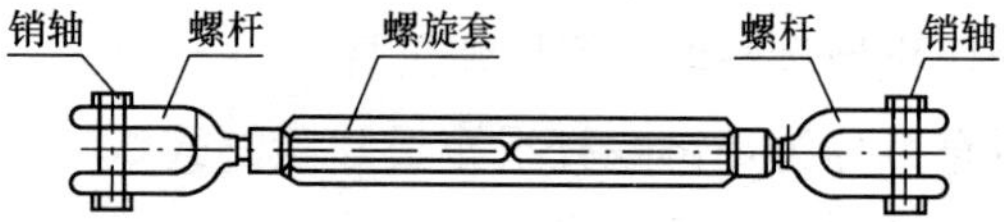

图 1-74　螺旋扣结构示意图

螺旋扣的使用应注意以下事项：

1）使用时应钩口向下。

2）防止螺纹轧坏。

3）严禁超负荷使用。

4）长期不用时，应在螺纹上涂好防锈油脂。

（7）高强度螺栓

高强度螺栓是施工升降机、塔式起重机等起重设备结构件连接的重要零件。高强度螺栓副应符合国家标准的规定，并应有性能等级标识及合格证书。

1）高强度螺栓的等级

高强度螺栓按强度可分为8.8、9.8、10.9级和12.9级四个等级，直径一般为12～42mm。施工升降机使用的高强度螺栓等级不应低于8.8级。

2）高强螺栓的预紧力矩

高强度螺栓的预紧力矩是保证螺栓连接质量的重要指标，它综合体现了螺栓、螺母和垫圈组合的安装质量。所以，安装人员在塔式起重机安装、顶升升节时必须严格按相关起重机使用说明书中规定的预紧力矩数值拧紧，常用的高强度螺栓预紧力和预紧扭矩见表1-9。

3）高强度螺栓的安装使用

①安装前，先对高强度螺栓进行全面检查，核对其规格、等级标志，检查螺栓、螺母及垫圈有无损坏，其连接表面应清除灰尘、油漆、油迹和锈蚀。

②螺栓、螺母、垫圈配合使用时，高强度螺栓不允许采用弹簧垫圈，必须使用平垫圈，塔身高强度螺栓必须采用双螺母防松。

③应使用力矩扳手或专用扳手，按使用说明书要求拧紧。

④高强度螺栓安装穿插方向宜采用自下而上穿插，即螺母在上面。主要是便于扭力扳手和专用扳手的作业；便于检查螺栓的紧固情况；便于安装保护帽，以防进水锈蚀。

⑤高强度螺栓、螺母使用后拆卸再次使用，一般不得超过两次。再次使用的次数应符合生产厂的规定。

⑥拆下将再次使用的高强度螺栓、螺母必须无任何损伤、变形、滑牙、缺牙、锈蚀及螺栓粗糙度变化较大等现象，反之，则禁止用于受力构件的连接。

常用的高强度螺栓预紧力和预紧扭矩 **表 1-9**

螺栓性能等级			8.8			9.8			10.9		
螺栓材料屈服强度（N/mm^2）			640			720			900		
螺纹规格	公称应力截面积 A_s	螺纹最小截面积 A_g	预紧力 F_{sp}	理论预紧扭矩 M_{ap}	实际使用预紧扭矩 $M=0.9M_{sp}$	预紧力 F_{sp}	理论预紧扭矩 M_{ap}	实际使用预紧扭矩 $M=0.9M_{sp}$	预紧力 F_{sp}	理论预紧扭矩 M_{ap}	实际使用预紧扭矩 $M=0.9M_{sp}$
mm	mm^2		N	N·m		N	N·m		N	N·m	
18	192	175	88000	290	260	99000	325	292	124000	405	365
20	245	225	114000	410	370	128000	462	416	160000	580	520
22	303	282	141000	550	500	158000	620	558	199000	780	700
24	353	324	164000	710	640	184000	800	720	230000	1000	900
27	459	427	215000	1050	950	242000	1180	1060	302000	1500	1350
30	561	519	262000	1450	1300	294000	1620	1460	368000	2000	1800
33	694	647	326000	由实验决定		365000	由实验决定		458000	由实验决定	
36	817	759	328000			430000			538000		
39	976	913	460000			517000			646000		
42	1120	1045	526000			590000			739000		
45	1300	1224	614000			690000			863000		
48	1470	1377	692000			778000			973000		

1.6.4 常用起重工具和设备

(1) 千斤顶

千斤顶是一种用较小的力将重物顶高、降低或移位的简单而方便的起重设备。千斤顶构造简单，使用轻便，便于携带，工作时无振动与冲击，能保证把重物准确地停在一定的高度上，升举重物时，不需要绳索、链条等，但行程短，加工精度要求较高。

1) 千斤顶的分类

千斤顶有齿条式、螺旋式和液压式三种基本类型。

①齿条式千斤顶。

齿条式千斤顶又叫起道机，由金属外壳、装在壳内的齿条、齿轮和手柄等组成。在路基路轨的铺设中常用到齿条式千斤顶，如图 1-75 所示。

图 1-75 齿条式千斤顶

②螺旋千斤顶。

螺旋千斤顶常用的是 LQ 型，如图 1-76 所示，它由棘轮组 1、小锥齿轮 2、升降套筒 3、锯齿形螺杆 4、铜螺母 5、大锥齿轮 6、推力轴承 7、主架 8、底座 9 等组成。

③液压千斤顶。

常用的液压千斤顶为 YQ 型，其构造如图 1-77 所示。

2) 千斤顶使用注意事项

①千斤顶使用前应拆洗干净，并检查各部件是否灵活，有无损伤，液压千斤顶的阀门、活塞、皮碗是否良好，油液是否干净。

②使用时，应放在平整坚实的地面上，如地面松软，应铺设方木以扩大承压面积。设备或物件的被顶点应选择坚实的平面部

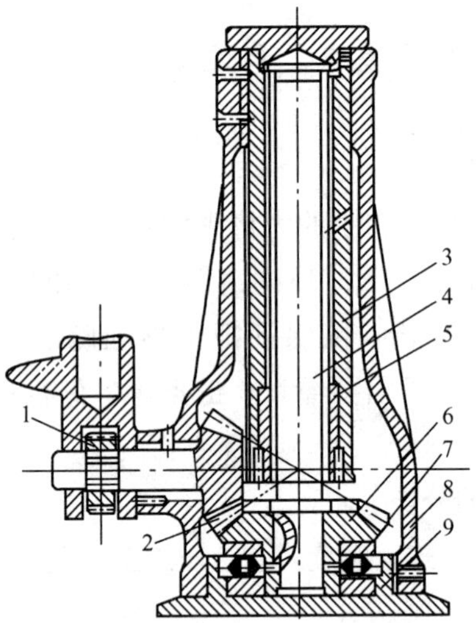

图 1-76　螺旋式千斤顶

1—棘轮组；2—小锥齿轮；3—升降套筒；4—锯齿形螺杆；5—螺母；
6—大锥齿轮；7—推力轴承；8—主架；9—底座

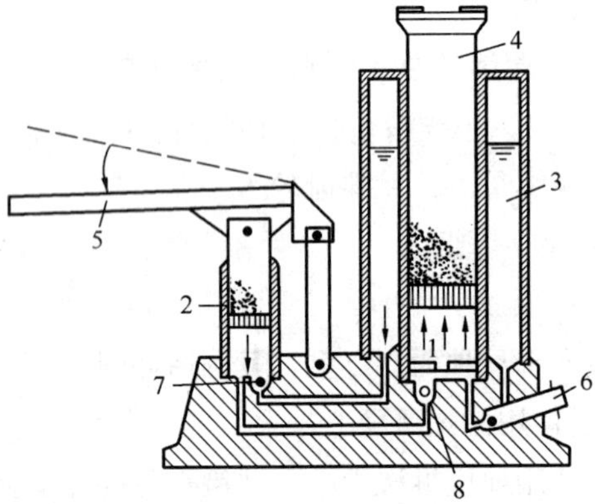

图 1-77　液压千斤顶的构造

1—油室；2—油泵；3—储油腔；4—活塞；5—摇把；
6—回油阀；7—油泵进油门；8—油室进油门

位并应清洁至无油污，以防打滑，还须加垫木板以免顶坏设备或物件。

③严格按照千斤顶的额定起重量使用千斤顶，每次顶升高度不得超过活塞上的标志。

④在顶升过程中，要随时注意千斤顶的平整直立，不得歪斜，严防倾倒，不得任意加长手柄或操作过猛。

⑤操作时，先将物件顶起一点后暂停，检查千斤顶、枕木垛、地面和物件等情况是否良好，如发现千斤顶和枕木垛不稳等情况，必须处理后才能继续工作。顶升过程中，应设保险垫，并要随顶随垫，其脱空距离应保持在 50mm 以内，以防千斤顶倾倒或突然回油而造成事故。

⑥用两台或两台以上千斤顶同时顶升一个物件时，要有统一指挥，动作一致，升降同步，保证物件平稳。

⑦千斤顶应存放在干燥、无尘土的地方，避免日晒雨淋。

（2）卷扬机

卷扬机在建筑施工中使用广泛，它可以单独使用，也可以作为其他起重机械的卷扬机构。

1）卷扬机构造和分类

卷扬机是由电动机、齿轮减速机、卷筒、制动器等构成。荷载的提升和下降均为一种速度，由电机的正反转控制。

卷扬机按卷筒数分：有单筒、双筒、多筒卷扬机；按速度分：有快速、慢速卷扬机。常用的有电动单筒和电动双筒卷扬机。图 1-78 所示为一种单筒电动卷扬机的结构示意图。

2）卷扬机的基本参数

常用卷扬机的基本参数主要包括钢丝绳额定拉力、卷筒容绳量、钢丝绳平均速度、钢丝绳直径和卷筒直径等。

①慢速卷扬机的基本参数见表 1-10。

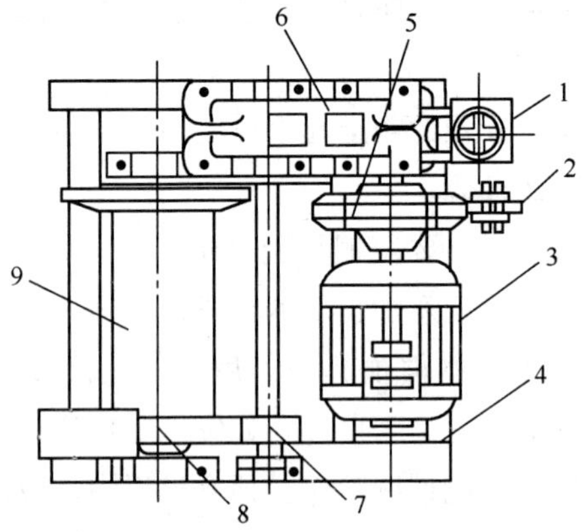

图 1-78　单筒电动卷扬机结构示意图

1—可逆控制器；2—电磁制动器；3—电动机；4—底盘；
5—联轴器；6—减速器；7—小齿轮；8—大齿轮；9—卷筒

慢速卷扬机基本参数　　　　**表 1-10**

形式 基本参数	单筒卷扬机						
钢丝绳额定拉力（t）	3	5	8	12	20	32	50
卷筒容绳量（m）	150	150	400	600	700	800	800
钢丝绳平均速度（m/min）	9～12			8～11		7～10	
钢丝绳直径 d 不小于（mm）	15	20	26	31	40	52	65
卷筒直径 D	$D \geqslant 18d$						

②快速卷扬机的基本参数见表 1-11。

快速卷扬机基本参数　　　　**表 1-11**

形式 基本参数	单　筒						双　筒			
钢丝绳额定拉力（t）	0.5	1	2	3	5	8	2	3	5	8
卷筒容绳量（m）	100	120	150	200	350	500	150	200	350	500
钢丝绳平均速度（m/min）	30～40		30～35		28～32		30～35		28～32	
钢丝绳直径 d 不小于（mm）	7.7	9.3	13	5	20	26	13	15	20	26
卷筒直径 D	$D>18d$									

3）卷筒

卷筒是卷扬机的重要部件，卷筒是由筒体、连接盘、轴以及轴承支架等构成的。

①钢丝绳在卷筒上的固定。

钢丝绳在卷筒上的固定通常使用压板螺钉或楔块，固定的方法一般有楔块固定法、长板条固定法和压板固定法，如图 1-79 所示。

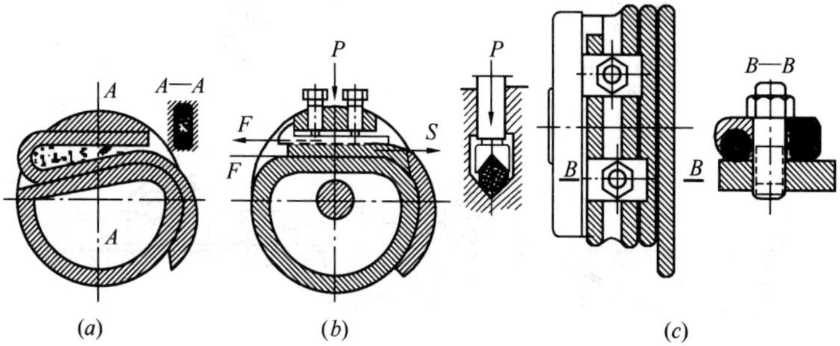

图 1-79　钢丝绳在卷筒上的固定

（*a*）楔块固定；（*b*）长板条固定；（*c*）压板固定

楔块固定法，如图 1-79（*a*）所示。此法常用于直径较小的钢丝绳，不需要用螺栓，适于多层缠绕卷筒。

长板条固定法，如图 1-79（*b*）所示。通过螺钉的压紧力，将带槽的长板条沿钢丝绳的轴向将绳端固定在卷筒上。

压板固定法，如图 1-79（*c*）所示。利用压板和螺钉固定钢丝绳，压板数至少为 2 个。此固定方法简单，安全可靠，便于观察和检查，是最常见的固定形式。其缺点是所占空间较大，不宜用于多层卷绕。

②卷筒的报废。

卷筒出现下述情况之一的，应予以报废：

a. 裂纹或凸缘破损。

b. 卷筒壁磨损量达原壁厚的10%。

4）卷扬机的固定

卷扬机必须用地锚予以固定，以防工作时产生滑动或倾覆。根据受力大小，固定卷杨机的方法大致有螺栓锚固法、水平锚固法、立桩锚固法和压重锚固法四种，如图1-80所示。

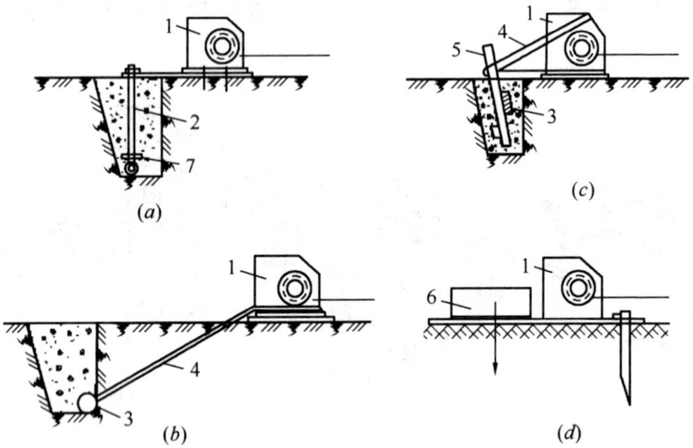

图1-80　卷扬机的锚固方法

(*a*) 螺栓锚固法；(*b*) 水平锚固法；(*c*) 立桩锚固法；(*d*) 压重物锚固法

1—卷扬机；2—地脚螺栓；3—横木；4—拉索；5—木桩；6—压重；7—压板

5）卷扬机的布置

卷扬机的布置（即安装位置）应注意下列几点：

①卷扬机安装位置周围必须排水畅通并应搭设工作棚。

②卷扬机的安装位置应能使操作人员看清指挥人员和起吊或拖动的物件，操作者视线仰角应小于45°。

③在卷扬机正前方应设置导向滑车，如图1-81所示，导向滑车至卷筒轴线的距离，带槽卷筒应不小于卷筒宽度的15倍，即倾斜角α不大于2°，无槽卷筒应大于卷筒宽度的20倍，以免钢丝绳与导向滑车槽缘产生过度的磨损。

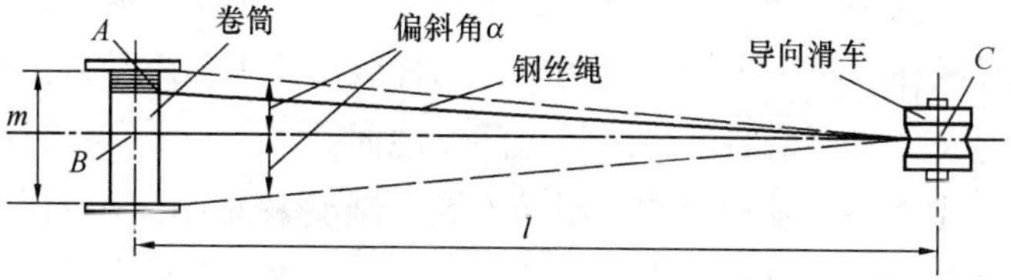

图 1-81　卷扬机的布置

④钢丝绳绕入卷筒的方向应与卷筒轴线垂直，其垂直度允许偏差为 6°，这样能使钢丝绳圈排列整齐，不致斜绕和互相错叠挤压。

6）卷扬机使用注意事项

①作用前，应检查卷扬机与地面的固定安全装置、防护设施、电气线路、接零或接地线、制动装置和钢丝绳等，全部合格后方可使用。

②使用皮带或开式齿轮传动的部分，均应设防护罩，导向滑轮不得用开口拉板式滑轮。

③正反转卷扬机卷筒旋转方向应在操纵开关上有明确标识。

④卷扬机必须有良好的接地或接零装置，接地电阻不得大于 10Ω；在一个供电网路上，接地或接零不得混用。

⑤卷扬机使用前要先做空载正、反转试验，检查运转是否平稳，有无不正常响声；传动、制动机构是否灵敏可靠；各紧固件及连接部位有无松动现象；润滑是否良好，有无漏油现象。

⑥钢丝绳的选用应符合原厂说明书规定。卷筒上的钢丝绳全部放出时应留有不少于 3 圈；钢丝绳的末端应固定牢靠；卷筒边缘外周至最外层钢丝绳的距离应不小于钢丝绳直径的 2 倍。

⑦钢丝绳应与卷筒及吊笼连接牢固，不得与机架或地面摩擦，通过道路时，应设过路保护装置。

⑧卷筒上的钢丝绳应排列整齐，当重叠或斜绕时，应停机重新排列，严禁在转动中用手拉脚踩钢丝绳。

⑨作业中，任何人不得跨越正在作业的卷扬钢丝绳。物件提升后，操作人员不得离开卷扬机，物件或吊笼下面严禁人员停留或通过。休息时应将物件或吊笼降至地面。

⑩作业中如发现异响、制动不灵、制动装置或轴承等温度剧烈上升等异常情况时，应立即停机检查，排除故障后方可使用。

2 施工升降机的应用发展及分类

2.1 施工升降机在建筑施工中的应用与发展

施工升降机是用吊笼载人、载物沿导轨上下运输的施工机械。它主要应用于高层和超高层建筑施工，也用于仓库、码头、高塔等固定设施的垂直运输，如图 2-1 所示。

(*a*)　　(*b*)　　(*c*)

图 2-1　施工升降机应用

(*a*) 应用于超高设施施工；(*b*) 应用于铁塔施工；(*c*) 应用于桥梁施工

施工升降机是在 20 世纪 70 年代开始应用于建筑施工中。在 20 世纪 70 年代中期研制了 76 型施工升降机，该机采用单驱动机构、五挡涡流调速、圆柱蜗轮减速器、柱销式联轴器和楔块捕捉式限速器，额定提升速度为 36.4m/min，最大额定载荷 1000kg，最大提升高度为 100m，基本上满足了当时高层建筑施工的需要。20 世纪 80 年代，随着我国建筑业的迅速发展，高层建筑的不断增加，对施工升降机提出了更高的要求，在引进消化进口施工升降机的基础上，研制了 SCD200/200 型的施工升降机。该机采用了双驱动型式，专用电机、平面二次包络蜗轮减速器和锥形摩擦式双向限速器，最大额定载荷 2000kg，最大提升高度为 150m。该机具有较高的传动效率和先进的防坠安全器，同时也增大了额定载荷重量和提升高度，达到了国外同类产品的技术性能，基本满足了施工需要，已逐步成为国内使用最多的施工升降机基本机型。进入 20 世纪 90 年代，由于超高层建筑的不断出现，施工升降机的运行速度已满足不了施工要求，更高速度的施工升降机也就应运而生，于是液压施工升降机和变频调速施工升降机先后诞生了。其最大提升速度达到了 90m/min 以上、最大提升高度均达到了 400m。但液压施工升降机综合性能低于变频调速施工升降机，所以应用甚少。同期，为了适应特殊建筑物的施工要求，还出现了倾斜式和曲线式施工升降机。

2.2 施工升降机的型号和分类

2.2.1 施工升降机的型号

施工升降机的型号由组、型、特性、主参数和变型更新等代号组成。型号编制方法如下：

(1) 主参数代号

单吊笼施工升降机标注一个数值。双吊笼施工升降机标注两个数值，用符号“/”分开，每个数值均为一个吊笼的额定载重量代号。对于 SH 型施工升降机，前者为齿轮齿条传动吊笼的额定载重量代号，后者为钢丝绳提升吊笼的额定载重量代号。

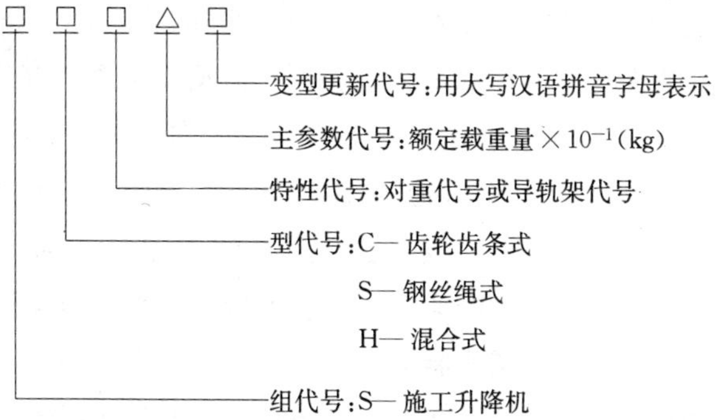

（2）特性代号

特性代号是表示施工升降机两个主要特性的符号。

1）对重代号：有对重时标注 D，无对重时省略。

2）导轨架代号

对于 SC 型施工升降机：三角形截面标注 T；矩形或片式截面省略；倾斜式或曲线式导轨架则不论何种截面均标注 Q。

对于 SS 型施工升降机：导轨架为两柱时标注 E，单柱导轨架内包容时标注 B，不包容时省略。

（3）标记示例

1）齿轮齿条式施工升降机，双吊笼有对重，一个吊笼的额定载重量为 2000kg，另一个吊笼的额定载重量为 2500kg，导轨架横截面为矩形，表示为：施工升降机 SCD200/250（GB/T 10054）。

2）钢丝绳式施工升降机，单柱导轨架横截面为矩形，导轨架内包容一个吊笼，额定载重量为 3200kg，第一次变型更新，表示为：施工升降机 SSB320A（GB/T 10054）。

2.2.2 施工升降机的分类

施工升降机按其传动形式可分为：齿轮齿条式、钢丝绳式和混合式三种。

(1) 齿轮齿条式人货两用施工升降机

该施工升降机的传动方式为齿轮齿条式，动力驱动装置均通过平面包络环面蜗杆减速器带动小齿轮转动，再由传动小齿轮和导轨架上的齿条啮合，通过小齿轮的转动带动吊笼升降，每个吊笼上均装有渐进式防坠安全器，如图 2-2 所示。

图 2-2 齿轮齿条式施工升降机

按驱动传动方式的不同目前有普通双驱动或三驱动型式、变频调速驱动型式、液压传动驱动型式；按导轨架结构形式的不同有直立式、倾斜式、曲线式。

①普通施工升降机是采用专用双驱动或三驱动电机作动力，其起升速度一般在 36m/min。采用双驱动的施工升降机通常带有对重。其导轨架由标准节通过高强度螺栓连接组装而成的直立结构形式。在建筑施工中广泛使用。

②液压施工升降机

液压施工升降机由于采用了液压传动驱动并实现无级调速，启动、制动平稳和运行高速。驱动机构通过电机带动柱塞泵产生高压油液，再由高压油液驱使油马达运转，并通过蜗轮减速器及主动小齿轮实现吊笼的上下运行。但由于噪声大、成本高，目前几乎不使用。

③变频调速施工升降机

变频调速施工升降机由于采用了变频调速技术，具有手控有级变速和无级变速，其调速性能更优于液压施工升降机，起制动更平稳，噪声更小。其工作原理是电源通过变频调速器，改变进入电动机的电源频率，以达到电动机变速。

变频调速施工升降机的最大提升高度可达 450m 以上，最大起升速度达 96m/min。由于良好的调速性能、较大的提升高度，故在高层、超高层建筑中得到广泛的应用。

④倾斜式施工升降机

倾斜式施工升降机是根据特殊形状的建筑物的施工需要而产生的，其吊笼在运行过程中应始终保持垂直状态，导轨架按建筑物需要倾斜安装，吊笼两受力立柱与吊笼框制作成倾斜形式，其倾斜度与导轨架一致。由于吊笼的两立柱、导轨架、齿条与吊笼都有一个倾斜度，故三台驱动装置布置形式呈阶梯状，如图 2-3 所示。导轨架轴线与垂直线夹角一般不大于 11°。

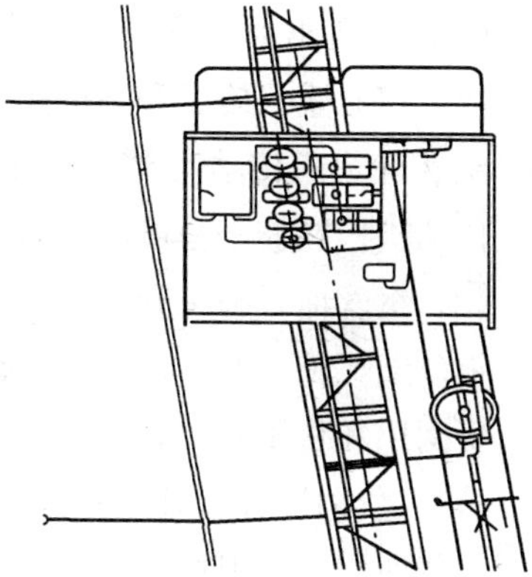

图 2-3　驱动装置布置形式

倾斜式施工升降机与直立式施工升降机在设计与制造上主要区别是导轨架的倾斜度由底座的形式和附墙架的长短来决定。附墙架设有长度调节装置，以便在安装中调节附墙架的长短，保证导轨架的倾斜度和直线度。

⑤曲线式施工升降机

曲线式施工升降机无对重，导轨架采用矩形截面或片状方式，通过附墙架或直接与建筑物内外壁面进行直线、斜线和曲线架设。该机型主要应用于以电厂冷却塔为代表的曲线外形的建筑

图 2-4　曲线式施工升降机

物施工中，如图 2-4 所示。

曲线式施工升降机在设计与制作上有以下特点：

a. 吊笼采用下固定铰点或中固定铰点，设置有强制式自动调平与手动调平两种制式调平机构，可使吊笼在作多种曲线运行时始终保持垂直。

b. 吊笼与驱动装置采用拖式铰接连接，驱动装置采用全浮动机构，使曲线式施工升降机能适应更大的倾角和曲率。

c. 齿轮齿条传动实现小折线近似多种曲线的特殊结构设计，保证传动机构能够平稳可靠地运行。

（2）钢丝绳式施工升降机

钢丝绳式施工升降机是采用钢丝绳提升的施工升降机，可分为人货两用和货用施工升降机两种类型。

1）人货两用施工升降机

人货两用施工升降机是用于运载人员和货物的施工升降机，它是由提升钢丝绳通过导轨架顶上的导向滑轮，用设置在地面上的曳引机（卷扬机）使吊笼沿导轨架作上下运动的一种施工升降机，如图 2-5 所示。

图 2-5　钢丝绳式人货两用施工升降机

该机型每个吊笼设有防坠、限速双重功能的防坠安全装置，当吊笼超速下行或其悬挂装置断裂时，该装置能将吊笼制停并保持静止状态。

2）货用施工升降机

货运施工升降机是只用于运载货物，禁止运载人员的施工升降机（图 2-6）。提升钢丝绳通过导轨架顶上的导向滑轮，用设置在地面上的卷扬机（曳引机）使吊笼沿导轨架作上下运动的一种施工升降机。该机设有断绳保护装置，当吊笼提升钢丝绳松绳或断裂时，该装置能制停带有额定载重量的吊笼，且不造成结构严重损害。对于额定提升速度大于 0.85m/s 的升降机安装有非瞬时式防坠安全装置。

(3) 混合式施工升降机

该机型为一个吊笼采用齿轮齿条传动，另一个吊笼采用钢丝绳提升的施工升降机。目前建筑施工中很少使用。

图 2-6　货用施工升降机

2.2.3　施工升降机的基本技术参数

(1) 施工升降机的主要技术参数

1) 额定载重量：工作工况下吊笼允许的最大荷载。

2) 额定提升速度：吊笼装载额定载重量，在额定功率下稳定上升的设计速度。

3) 吊笼净重尺寸：吊笼内空间大小（长×宽×高）。

4) 最大提升高度：吊笼运行至最高上限位位置时，吊笼底板与基础底架平面间的垂直距离。

5) 额定安装载重量：安装工况下吊笼允许的最大载荷。

6) 标准节尺寸：组成导轨架的可以互换的构件的尺寸大小（长×宽×高）。

7) 对重重量：有对重的施工升降机的对重重量。

(2) 施工升降机主要技术参数示例

1) SS100 (SS100/100) 型货用施工升降机，如图 2-6 所示。

其主要技术参数见表 2-1。

SS100 型货用施工升降机主要技术性能参数　　表 2-1

项　目		单位	技术参数
额定载重量		kg	1000
安装吊杆额定起重量		kg	120
吊笼净空尺寸（长×宽）		m	(2.5～3.8)×(1.3×1.5)
提升高度		m	50
额定起升速度		m/min	28～30
电动机	功　率	kW	11
	电　源		380V，50Hz
标准节尺寸（长×宽×高）		m	0.8×0.8×1.508
标准节重量		kg	110
最大自由端高度		m	6

2）SCD200/200 型施工升降机的主要技术参数见表 2-2。

SCD200/200 型人货两用施工升降机主要技术参数　　表 2-2

项　目	单位	技术参数
额定载重量	kg	2×2000
额定起升速度	m/min	38
最大高度	m	150
吊笼净空（长×宽×高）	m	3.0×1.3×2.7
电动机功率	kW	11
电动机数量	台	2×2
标准节高度	mm	1508
安装吊杆起重量	kg	≤200
对重重量	kg	2×1260
最大自由端高度	m	9

3）SCD200/200Y 型液压施工升降机的主要技术参数见表 2-3。

SCD200/200Y 型液压施工升降机主要技术参数　　表 2-3

项　　目	技术参数	项　　目	技术参数
最大提升高度	350m	附墙距离	1.65～4.00m
吊笼内净尺寸	3.2m×1.5m×2.2m	附墙间距	9m
额定载重量	2000kg	电动机功率	37kW
吊笼起升速度	0～80m/min	变量泵排量	55mL/r
安装工况起升速度	0～44m/min	油马达排量	75mL/r
对重重量	2200kg	液压工作压力	24MPa
安装吊杆额定起重量	220kg		

4）SCD200/200G 型和 SC200/200G 型变频调速施工升降机的主要技术参数见表 2-4。

SCD200/200G 型和 SC200/200G 型变频调速施工升降机主要技术参数　　表 2-4

项　　目	单位	技术参数	
		SC200/200G	SCD200/200G
额定载重量	kg	2×2000	2×2000
提升速度	m/min	0～60	0～96
最大高度	m	450	450
电动机功率	kW	15	15
电动机数量	台	2×3	2×3
对重重量	kg		2×2000

5）因杨浦大桥桥塔施工需要，上海市在 1991 年底试制了全国第一台倾斜式施工升降机，型号为 SCQ150/150，如图 2-7 所示，主要技术参数见表 2-5。

图 2-7 倾斜式施工升降机

SCQ150/150 型倾斜式施工升降机主要技术参数　　表 2-5

项　目	单　位	技　术　参　数
最大提升高度	m	215
导轨架倾角 α		7°
额定载重量	kg	2×1000
提升速度	m/min	37
电动机功率	kW	(7.5×3)×2

6）SCQ60 型曲线式施工升降机的主要技术参数见表 2-6。

SCQ60 型曲线式施工升降机主要技术参数　　表 2-6

项　目	单　位	技　术　参　数
额定载重量	kg	600
最大提升速度	m/min	28
吊笼尺寸	m	2.1×0.88×2.25
调平机构倾角 α		+21°～−9°
导轨架转角 β		1°
最大提升高度	m	150
电机功率	kW	7.5

7）SSBD100 型和 SSBD100A 型钢丝绳式人货两用施工升降机的主要技术参数见表 2-7。

SSBD100 型和 SSBD100A 型钢丝绳式人货两用施工升降机主要性能参数表　　表 2-7

项　　目	单位	技　术　参　数	
		SSBD100	SSBD100A
额定载重量	kg	1000（12 人）	1000（12 人）
最高架设高度	m	100	100
最大提升高度	m	94	94
额定提升速度	m/min	38	38
电动机型号		Y160M-6	Y160M-6
电动机功率	kW	7.5	7.5
电动机额定电压/电流		380V/24A，50Hz	380V/24A，50Hz
曳引钢丝绳型号		11.NAT.6×19S＋FC－1670	11.NAT.6×19S＋FC－1670
吊笼载货空间（长×宽×高）	m	2.6×1.9×2.4	3.8×1.5×2.2
架体每节高度	m	1.5	1.5
曳引机自重	kg	590	590
吊笼自重	kg	950	950
对重箱自重	kg	1400	1400
整机质量	t	20（100m）	20（100m）

3 施工升降机的组成

施工升降机一般由金属结构、传动机构、安全装置和控制系统等四部分组成。

3.1 施工升降机的金属结构

施工升降机的金属结构主要有导轨架、防护围栏、吊笼、附墙架和楼层门等，如图 3-1 所示。

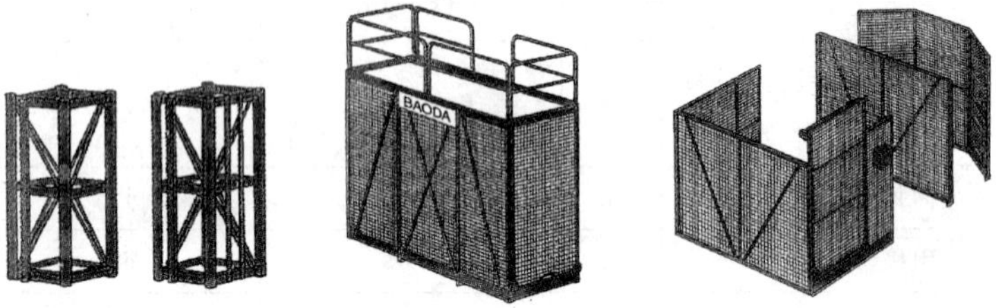

(a) (b) (c)

图 3-1 施工升降机金属结构

(a) 导轨架；(b) 吊笼；(c) 防护围栏

3.1.1 导轨架

(1) 导轨架的作用

施工升降机的导轨架是用以支承和引导吊笼、对重等装置运行的金属构架。它是施工升降机的主体结构之一，主要作用是支承吊笼、荷载以及平衡重，并对吊笼运行进行垂直导向，因此，导轨架必需垂直并有足够的强度和刚度。

施工升降机的导轨架是由标准高度的导轨通过高强度螺栓连接组装而成。标准导轨节（简称标准节）是组成导轨架的可以互换的构件，因此标准节及其连接均需可靠。

(2) 标准节的结构与种类

标准节的截面一般有方形、三角形等，常用的是方形，如图 3-2 所示。

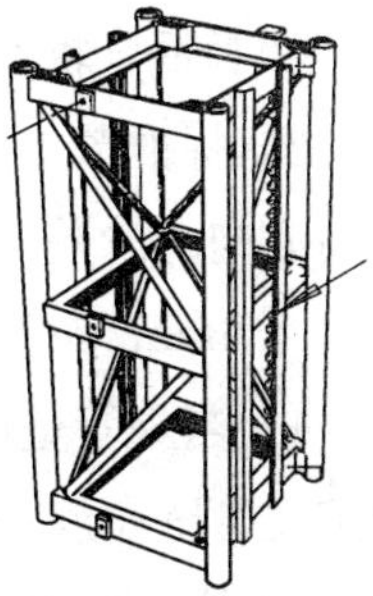

图 3-2　标准节

标准节由四根布置在四角作为立管的钢管，和作为水平杆、斜腹杆的角钢、圆钢焊接而成。齿轮齿条式施工升降机的标准节一般长度为 1508mm 的方形格构柱架，并用内六角螺栓把两根符合要求的齿条垂直安装在立柱的左右两侧，作为施工升降机传递力矩用，有对重的施工升降机在立柱前后焊接或组装有对重的导轨，每节标准节上下两端四角立管内侧配有 4 个孔，用来连接上下两节标准节或顶部天轮架。吊笼是通过齿轮齿条啮合传递力矩实现上下运行的，齿轮齿条的啮合精度直接影响到吊笼运行的平稳性及可靠性。为了确保其安装精度，齿条的安装除用高强度螺栓固定外，还在齿条两端配有定位销孔，标准节立管的两端设有定位孔，以确保导轨的平直度。

(3) 导轨架与标准节的安装质量要求

1) SC 型施工升降机的导轨架在安装和使用时其轴心线对底座水平基准面的垂直度偏差应符合表 3-1 的规定。

2) 标准节拼接时，相邻标准节的立柱结合面对接应平直，相互错位形成的阶差应限制在：

安装垂直度偏差 **表 3-1**

导轨架架设高度 h（m）	$h\leqslant 70$	$70<h\leqslant 100$	$100<h\leqslant 150$	$150<h\leqslant 200$	$h>200$
垂直度偏差（mm）	不大于导轨架架设高度的 1/1000	≤70	≤90	≤110	≤130

①吊笼导轨不大于 0.8mm；

②对重导轨不大于 0.5mm。

3）标准节上的齿条连接应牢固，相邻两齿条的对接处，沿齿高方向的阶差不应大于 0.3mm，沿长度方向的齿距偏差不应大于 0.6mm。

4）当立管壁厚减少到出厂厚度的 25%时，标准节应予报废或按立管壁厚规格降级使用。

5）当一台施工升降机使用的标准节有不同的立管壁厚时，标准节应有标识，因此在安装使用前，把相同类型的标准节堆放归类，并严格按使用说明书或安装手册规定依次加节安装。

6）SS 型施工升降机导轨架轴心线对底座水平基准面的安装垂直度偏差不应大于导轨架高度的 1.5‰。

7）SS 型施工升降机导轨接点截面相互错位形成的阶差不大于 1.5mm。

8）导轨架与标准节及其附件应保持完整完好。

（4）限位挡板

1）限位挡板是触发安全开关的金属构件，一般安装在导轨架上，升降机在运行或安全装置动作而触发安全开关时，应能使升降机停止运行，避免发生安全事故。

2）限位挡板的安装位置要求：

①限位挡板应完好、安装牢固。

②当额定提升速度小于 0.8m/s 时，上限位开关挡板安装位

置应距导轨架顶部安全距离不小于 1.8m。

③当额定提升速度大于或等于 0.8m/s 时，上限位开关挡板安装位置距导轨架顶部安全距离应满足公式（3-1）的计算值：

$$L = 1.8 + 0.1v^2 \qquad (3\text{-}1)$$

式中 L——上部安全距离（m）；

v——提升速度（m/s）。

④下限位开关挡板的安装位置应保证吊笼以额定载重量下降时，触板触发该开关使吊笼制停，此时触板离下极限开关还应有一定行程。

⑤在正常工作状态下，上极限开关挡板的安装位置应保证上极限与上限位之间的越程距离为：

SS 型施工升降机：0.5m；

SC 型施工升降机：0.15m。

⑥在正常工作状态下，下极限开关挡板的安装位置，应保证吊笼碰到缓冲器之前，下极限开关应首先动作。

3.1.2 附墙架

（1）附墙架的作用

附墙架是按一定间距连接导轨架与建筑物或其他固定结构，用以支撑导轨架的构件。当导轨架高度超过最大独立高度时施工升降机应架设附着装置。

（2）附墙架的种类

附墙架一般可分为直接附墙架和间接附墙架。直接附墙时，附墙架的一端用 U 形螺栓和标准节的框架连接，另一端和建筑物连接以保持其稳定性，如图 3-3 所示。间接附墙时，附墙架的一端用 U 形螺栓和标准节的框架连接，另一端两个扣环扣在两根导柱管上，同时用过桥连杆把四根过道竖杆（立管）连接起来，在过桥连杆和建筑物之间用斜支撑等连接成一体。通过调节附墙架可以调整导轨架的垂直度，如图 3-4 所示。

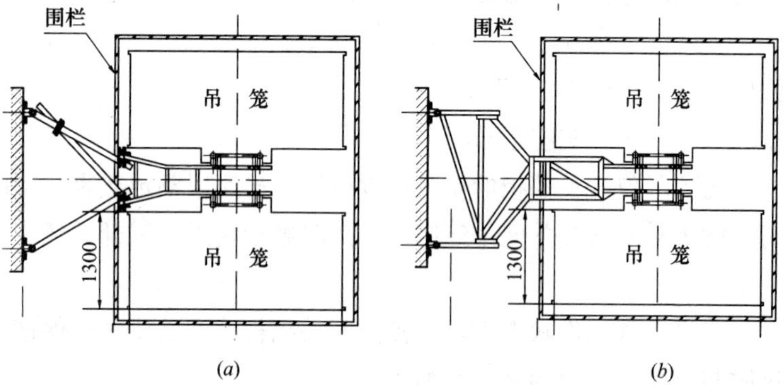

图 3-3 直接附墙架示意图

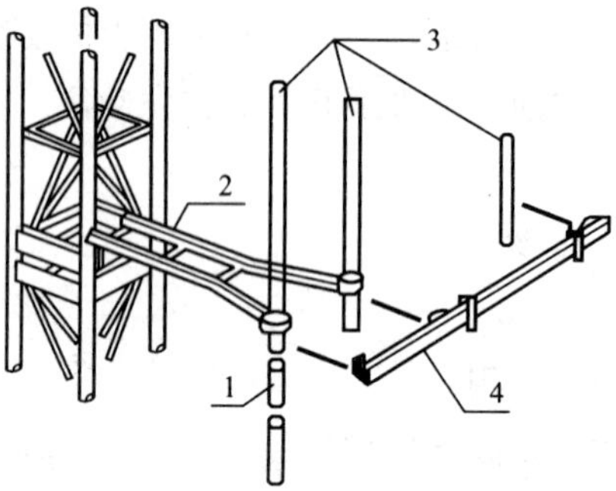

图 3-4 间接附墙架示意图

1—立杆接头；2—短前支撑；3—过道竖杆（立管）；4—过桥连杆

（3）附墙架与建筑物的连接方法

根据建筑物条件、相对位置，决定附墙架与建筑物的连接方法，连接件与墙的连接方式，如图 3-5 所示。附墙架连接不得使用膨胀螺栓。

（4）附墙架的安装质量要求

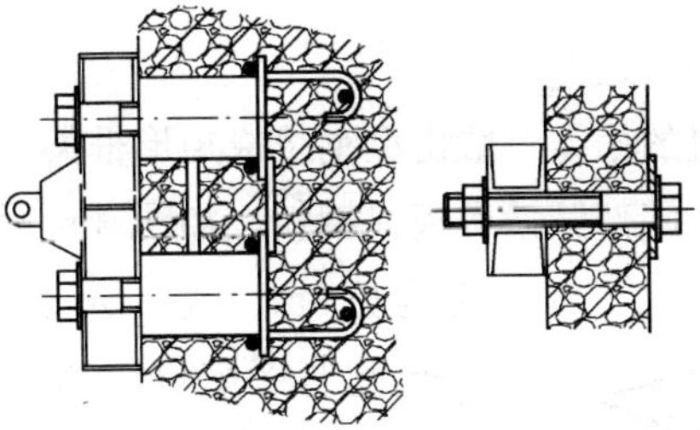

(a)　　　　(b)

图 3-5　附墙架与建筑物的连接方式

(a) 预埋式；(b) 穿墙式

1) 导轨架的高度超过最大独立高度时，应设置附墙装置。附墙架的附着间隔应符合使用说明书要求。施工升降机运动部件与除登机平台以外的建筑物和固定施工设备之间的距离不应小于 0.2m。

2) 附墙架的结构与零部件应完整和完好。

3) 调节附墙架的丝杆或调节孔，使导轨架的垂直度符合标准。

4) 附墙架应保持水平位置，由于建筑物条件影响，其最大水平倾角应控制在说明书规定范围内。

5) 连接螺栓为不低于 8.8 级的高强度螺栓，其紧固件的表面不得有锈斑、碰撞凹坑和裂纹等缺陷。

3.1.3　吊笼

吊笼是施工升降机用来运载人员或货物的笼形部件，以及用来运载物料的带有侧护栏的平台或斗状容器的总称。一般是用型钢、钢板和钢板网等焊接而成。前后有进出口和门，一侧装有驾驶室，主要操作开关均设置在驾驶室内。吊笼上安装了导向滚轮沿导轨架运行。

（1）吊笼的构造

施工升降机的吊笼一般由型钢组成矩形框架，四周封有钢丝网片或金属板，底部铺设木板或钢板，如图 3-6 所示。吊笼外形一般为长 3m、宽 1.3m、高 2.6m，一端是一扇配有平衡重块的单行门，并能自己平衡定位；而另一端是一扇卸料用的双行门，载人吊笼门框的净高度至少为 2.0m，净宽度至少为 0.6m。门应能完全遮蔽开口，其开启高度不应低于 1.8m。

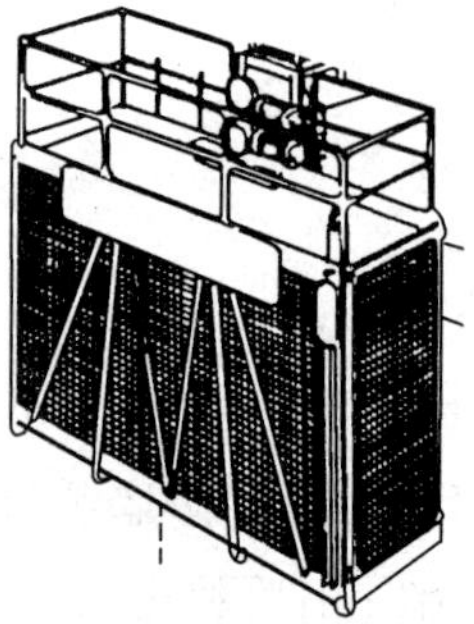

图 3-6　吊笼

吊笼门装有机械锁钩，保证在运行时不会自动打开，同时还设有电气安全开关，当门未完全关闭时能有效切断控制回路电源，使吊笼停止或无法启动。

在吊笼的顶部设有紧急逃离出口，出口的面积不小于 0.4m×0.6m，紧急逃离出口上装有向外开启的天窗盖，抵达天窗的梯子应始终置于吊笼内。紧急逃离门上还装有电气安全开关联锁，当门未锁紧时吊笼应停止或无法启动。

载人的吊笼应封顶，笼内净高度不应小于 2m。吊笼顶部设有天窗和作为安装、拆卸、维修的平台及防护围栏，护栏的上扶手应不低于 1.05m，中间增设横杆，踢脚板高度不小于 100mm，护栏与顶板边缘的距离不应大于 100mm。

为保证吊笼在导轨架上顺畅上下运行，吊笼上装有二组滚轮装置，并通过滚轮装置套合在导轨架上，如图 3-7 所示。在吊笼的二根主立柱上还安装了二对防止吊笼倾翻的安全钩。

（2）吊笼的安全技术要求

1）吊笼应有足够刚性的导向装置，以防止脱落和卡住。

2）吊笼上最高一对安全钩应处于最低驱动齿轮之下。

3）吊笼上的安全装置和各类保护措施，不仅在正常工作时起作用，在安装、拆卸、维护时也应起作用。

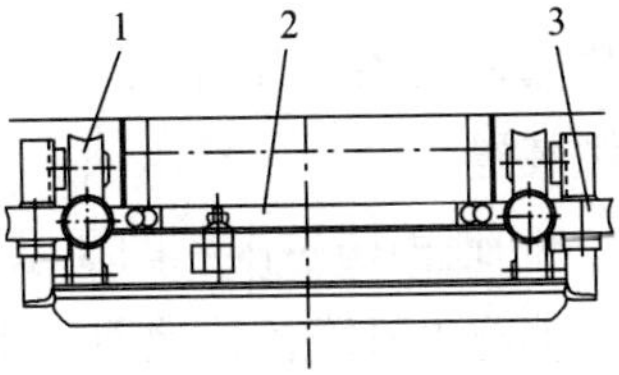

图 3-7　滚轮装置

1—正压轮；2—导轨架；3—侧滚轮

4）吊笼的司机室应有良好的视野和足够的空间。

5）吊笼底板应能防滑、排水，在 0.1m×0.1m 区域内能承受静载 1.5kN 或额定载重量的 25%而无永久变形。

6）吊笼门应装机械锁钩，以保证运行时不会自动打开。

7）应有防止吊笼驶出导轨的措施。

8）吊笼门应设有电气安全开关。当门未完全关闭时，该开关应有效切断控制回路电源，使吊笼停止或无法启动。

3.1.4　底架、防护围栏与层门

（1）底架

底架是安装施工升降机导轨架及围栏等构件的机架。底架应能承受施工升降机作用在其上的所有荷载，并能有效地将荷载传递到其支承件基础表面。

（2）地面防护围栏

1）地面防护围栏的作用

施工升降机的地面防护围栏是地面上包围吊笼的防护围栏，其主要是防止吊笼离开基础平台后，人或物进入基础平台。

2）地面防护围栏构造

防护围栏主要有围栏门框、接长墙板、侧墙板、后墙板和围栏门等组成，墙板的底部固定在基础埋件或连接在基础底架上，

前后墙板由可调螺杆与导轨架连接，可调整门框和墙板垂直度。围栏门框上还装有围栏门的对重和对重装置，以及围栏门的机电联锁装置。

3）地面防护围栏的要求

①施工升降机的地面防护围栏设置高度应不低于1.8m，并应围成一周，围栏登机门的开启高度不应低于1.8m。

②对重应置于地面防护围栏之内。

③SS型货用施工升降机地面防护围栏的设置高度应不小于1.5m，围栏登机门的开启高度也不应低于1.8m。

④围栏登机门应具有电气安全开关和机械锁，只有在围栏登机门关好后施工升降机才能启动；吊笼位于底部规定位置时，围栏登机门才能开启。

⑤防护围栏的结构和零部件应保持完整和完好。

（3）层门

1）层门的作用与种类

在楼层的卸料平台上应设置层门，如图3-8所示，对卸料通道起安全保护作用。层门应用型钢做框架，封上钢丝网，并设有牢固可靠的锁紧装置，层门的开、关过程应由吊笼内乘员操作，不得受吊笼运动的直接控制。

2）层门的安装要求

①层门的净宽度与吊笼进出口宽度之差不得大于120mm，层门的底部与卸料平台的距离不应大于50mm，层门不能凸出到吊笼的升降通道上。

②正常工况下，关闭的吊笼门与层门间的水平距离不应大于200mm。

③装载或卸载时，吊笼门与卸料平台边缘的水平距离不应大于50mm。

④全高度层门打开后的净高度不应小于2.0m。在特殊情况

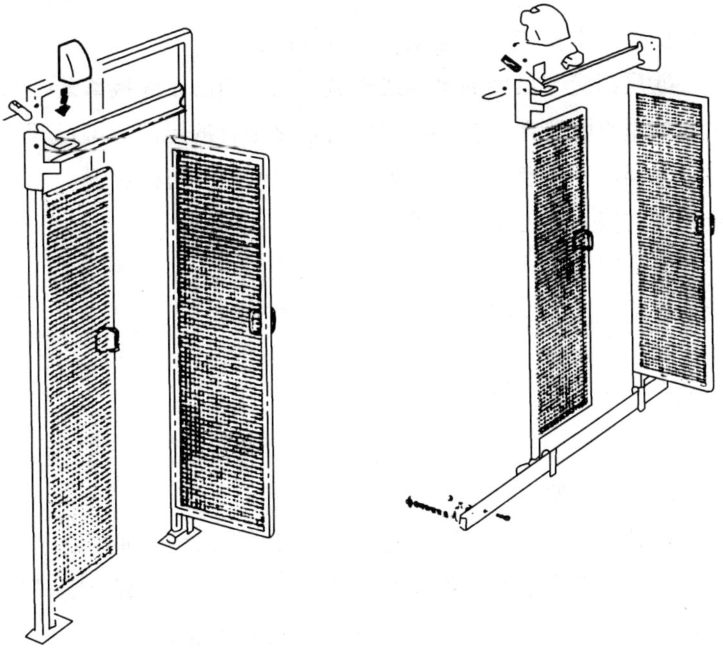

图 3-8　层门

下，净高度不应小于 1.8m。

⑤高度降低的层门的高度不应小于 1.1m。层门与正常工作的吊笼运动部件的安全距离不应小于 0.85m，如果额定提升速度不大于 0.7m/s 时，安全距离可为 0.50m。

⑥高度降低的层门两侧应设置高度不小于 1.1m 的护栏，护栏的中间应设横杆，踢脚板高度不少于 100mm。吊笼与侧面护栏的间距不应小于 100～200mm。

3）层门的安全技术要求

①施工升降机的每一个登机处应设置层门。

②层门不得向吊笼通道开启，封闭式层门上应设有视窗。

③水平或垂直滑动的层门应有导向装置，其运动应有挡块限位。

④人货两用施工升降机机械传动层门的开、关过程应由笼内乘员操作，不得受吊笼运动的直接控制。

⑤层门应与吊笼的电气或机械联锁，当吊笼底板离某一卸料平台的垂直距离在±0.25m以内时，该平台的层门方可打开。

⑥层门锁止装置应安装牢固，紧固件应有防松装置，所有锁止元件的嵌入深度不应少于7mm。

⑦层门的结构和所有零部件都应完整完好，安装牢固可靠，活动部件灵活。层门的强度应符合相关标准。

3.1.5 对重系统

(1) 天轮架

带对重的施工升降机因连接吊笼与对重的钢丝绳需要经过一个定滑轮而工作，故需要设置天轮架。天轮架一般有固定式和开启式两种。图3-9所示为SC型施工升降机天轮架。

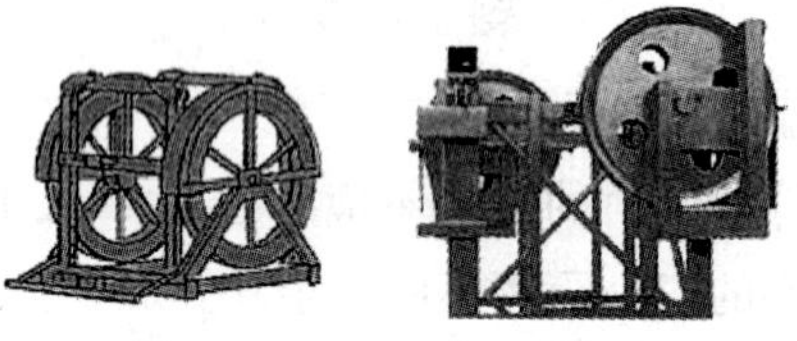

(a) (b)

图3-9 天轮架

(a) 固定式；(b) 开启式

1) 固定式天轮架

固定式天轮架是用型钢加工的滑轮架，两个滑轮固定在滑轮架上部，滑轮上有防脱绳装置。使用时架设在导轨架的顶部，施工升降机在安装或升节时要整体吊装或取下。其特点是套架结构加工简单，缺点是操作复杂。

2）开启式天轮架

开启式天轮架是把滑轮架的一端铰接在导轨架顶部的连系梁上，另一端为可开启的形式。当导轨架需要升降节时，天轮架在两个吊笼的支撑下打开连系梁，把标准节直接吊入天轮架内或吊下来，不需要把天轮架取下。其特点是套架结构加工比较复杂，但操作方便。

（2）对重

对重是对吊笼起平衡作用的重物。施工升降机的对重一般为长方形铸件或钢材制作成箱形结构，在两端安装有导向滚轮和防脱轨装置，上端有绳耳与钢丝绳连接。通过钢丝绳的牵引，在导轨架的对重导轨内上下运行。

（3）对重钢丝绳

SC型人货两用施工升降机悬挂对重的钢丝绳不得少于两根，且相互独立。每绳的安全系数不应小于6，直径不应小于9mm。SC型货用施工升降机悬挂对重的钢丝绳为单绳时，安全系数不应小于8。

（4）对重系统安全技术要求

1）当吊笼底部碰到缓冲弹簧时，对重上端离开天轮架的下端应有500mm的安全距离。

2）当吊笼上升到施工升降机上部碰上限位后，吊笼停止运行时，吊笼的顶部与天轮架的下端应有1.8m的安全距离。

3）天轮架滑轮的名义直径与钢丝绳直径之比不应小于30。

4）滑轮应有防止钢丝绳脱槽装置，该装置与滑轮外缘的间隙不应大于钢丝绳直径的20%，且不大于3mm。

5）钢丝绳绳头应采用可靠的连接方式，绳接头的强度不低于钢丝绳强度的80%。

6）天轮架的结构和零部件应保持完整和完好。

7）吊笼不能作为对重。

8）对重两端的滑靴、导向滚轮和防脱轨保护装置应保持完整和完好。

9）若对重使用填充物，应采取措施防止其窜动。

10）对重应根据有关规定的要求涂成警告色。

11）对重和钢丝绳的连接应符合规定。

12）当悬挂使用两根或两根以上相互独立的钢丝绳时，应设置自动平衡钢丝绳张力装置。当单根钢丝绳过分拉长或破坏时，电气安全装置应停止吊笼的运行。

13）为防止钢丝绳被腐蚀，应采用镀锌或涂抹适当的保护化合物。

14）钢丝绳应尽量避免反向弯曲的结构布置。需要储存预留钢丝绳时，所用接头或附件不应对以后投入使用的钢丝绳截面产生损伤。

15）多余钢丝绳应卷绕在卷筒上，其弯曲直径不应小于钢丝绳直径的15倍。

16）当过多的剩余钢丝绳储存在吊笼顶上时，应有限制吊笼超载的措施。

3.1.6　电缆防护装置

（1）电缆防护装置的组成和作用

电缆防护装置一般由电缆进线架、电缆导向架和电缆储筒组成，如图3-10所示。当施工升降机架设超过一定高度时应使用电缆滑车，如图3-11所示。电缆导向架是用以防止随行电缆缠挂并引导其准确进入电缆储筒的装置，是为了保护电缆而设置的。

当施工升降机运行时使电缆始终置于电缆导向架的护圈之中，防止电缆与附近的设施或设备缠绕而发生危险。电缆导向架

图 3-10　电缆储筒

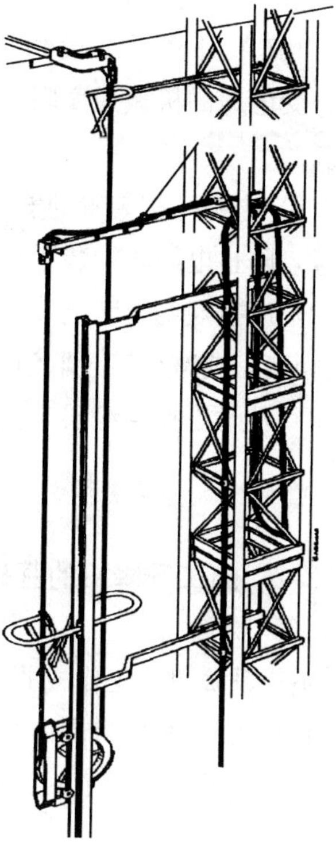

图 3-11　电缆滑车

的设置一般原则为：在电缆储筒口上方 1.5m 处安装第一道导向架，第二道导向架安装在第一道上方 3m 处，第三道导向架安装在第二道上方 4.5m 处，第四道导向架安装在第三道上方 6m 处，以后每道安装间隔为 6m。

电缆储筒是用来储放电缆的部件。当施工升降机向上运行时，吊笼带动电缆从电缆储筒内释放出来；当施工升降机向下运行时，电缆缓缓盘入电缆储筒内，防止电缆散乱在地上造成损坏。

电缆进线架是引导电缆进入吊笼的装置，同时也是拖动电缆在上下运行时安全地通过电缆护圈的臂架。另外，电缆进线架还能将电缆对准电缆储筒，使电缆安全地收放。

当施工升降机架设超过一定高度时（一般在 100～150m 时），受电缆的机械强度限制，应采用电缆滑车系统来收放随行电缆。

（2）电缆防护装置的安全技术要求

1）防止电缆防护装置与吊笼、对重碰擦。

2）应按规定安装电缆导向架，不准增大靠近电缆储筒口的安装距离，或减少甚至取消电缆导向架。

3）及时更换绝缘层老化、腐朽或破损的电缆。

3.2 施工升降机的基础

施工升降机在工作或非工作状态均应具有承受各种规定载荷而不倾翻的稳定性，而施工升降机设置在基础上，因此基础应能承受最不利工作或非工作条件下的全部载荷。

3.2.1 基础的形式和构筑

（1）基础形式

基础一般分为三种形式，如图 3-12 所示。

1）基础上平面高于地面，不会积水，但上料门槛较高；

2）基础上平面与地面持平，不易积水，但上料门槛较低；

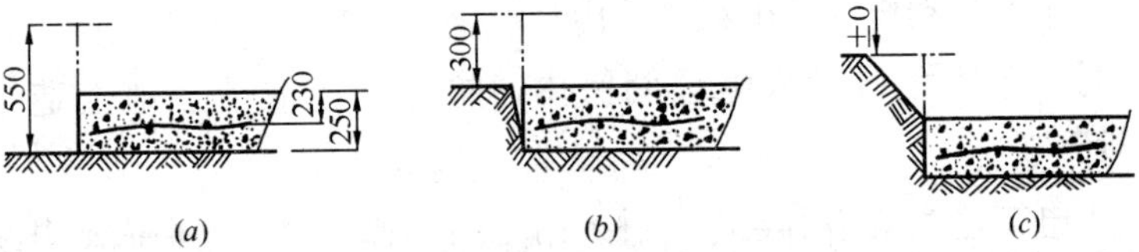

图 3-12 施工升降机基础形式示意图

3）基础上平面低于地面，易积水，但可以不设上料门槛。

（2）基础的构筑

施工升降机的基础设置有两种类别，如图 3-13 所示。基础的构筑应根据使用说明书或工程施工要求进行选择或重新设计。基础一般由钢筋混凝土浇筑而成，厚度为 350mm，内设双层钢筋网。钢筋网由 ϕ10～ϕ12 钢筋间隔 250mm 组成，钢筋等级选用 HRB335；混凝土强度等级不低于 C30。

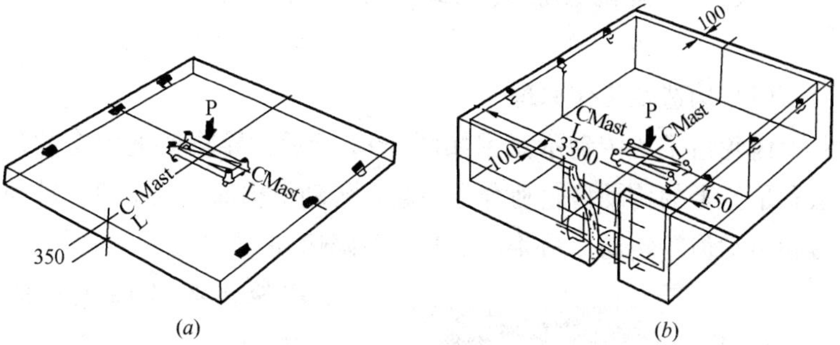

图 3-13　施工升降机的基础设置的类别

（a）一般双笼基础；（b）带电缆小车基础

基础下土壤的承载力一般应大于 0.15MPa。混凝土基础表面的不平度应控制在±5mm 之内。混凝土基础在构筑过程中，如果混凝土基础不是采用预留孔二次浇捣的，则应在基础内预埋底脚架和预埋螺栓，底脚架预埋时应把底脚架的螺钩绑扎在基础钢筋上，底脚架四个螺栓应在一个平面内，误差应控制在 1mm 之内，安装时按规定力矩拧紧，预埋件之间的中心距误差应控制在 5mm 之内。

3.2.2　基础的安全要求

（1）基础四周应设置排水设施。

（2）基础四周 5m 之内不准开挖深沟。

（3）30m 范围内不得进行对基础有较大振动的施工。

3.3 施工升降机的驱动装置

3.3.1 齿轮齿条式施工升降机的驱动装置

（1）构造及工作原理

齿轮齿条式传动示意图如图 3-14 所示，导轨架上固定的齿条和吊笼上的传动齿轮啮合在一起，传动机构通过电动机、减速器和传动齿轮转动使吊笼作上升、下降运动。

图 3-14 齿轮齿条式传动示意

齿轮齿条式施工升降机的传动机构一般有外挂式和内置式二种，按传动机构的配制数量有二驱动和三驱动之分，如图 3-15 所示。

为保证传动方式的安全有效，首先应保证传动齿轮和齿条的啮合。因此，在齿条的背面设置二套背轮，通过调节背轮使传动齿轮和齿条的啮合间隙符合要求。另外，在齿条的背面还设置了二个限位挡块，确保在紧急情况下传动齿轮不会脱离齿条。

（2）电动机

施工升降机传动机构使用的电动机绝大多数使用 YZEJ-A132M-4 起重用盘式制动三相异步电动机。该电动机是在引进

图 3-15　传动机构的配制形式

消化国外同类产品基础上研制生产的新颖电动机，尾部有直流制动装置，制动部位的电磁铁随制动片（制动盘）的磨损能自动补偿，无需人为调整制动间隙。尤其是制动装置由块式制动片改成整体式盘状制动片后，降低了电动机的噪声和振动，具有启动、制动平缓、冲击力小。

1）电动机工作条件

①环境温度不超过 40℃；

②海拔不超过 1000m；

③环境空气相对湿度不超过 85%。

2）电动机主要技术参数见表 3-2。

电动机主要技术参数　　**表 3-2**

型号	额定电压(V)	额定频率(Hz)	负载持续率(%)	额定功率(kW)	额定转速(r/min)	额定电流(A)	制动器电压(V)	制动力矩(N·m)
YZEJ-A 132M-4	380	50	连续	8.5	1410	19	196	120
			40	11	1390	23		
YZEJ-A 132M-4	380	50	40	16.5	1410	37	196	120
				18.5	1396	41		

(3) 电磁制动器

1) 构造

制动部分是由保持制动电磁铁与衔铁间恒定间隙的具有自动跟踪调整功能的直流盘形制动器，如图 3-16 所示。

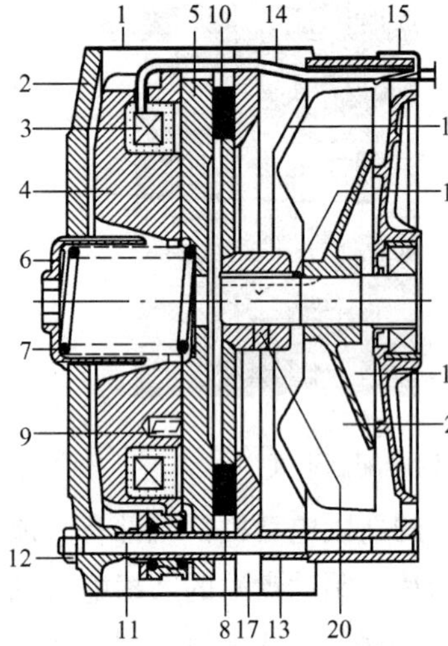

图 3-16　电动机结构示意图

1—电机防护罩；2—端盖；3—磁铁线圈；4—磁铁架；5—衔铁；6—调整轴套；7—制动器弹簧；8—可转制动盘；9—压缩弹簧；10—制动垫片；11—螺栓；12—螺母；13—套圈；14—线圈电线；15—电线夹；16—风扇；17—固定制动盘；18—风扇罩；19—键；20—紧定螺钉；21—端盖

2) 工作原理

当电动机未接通电源时，由于主弹簧 7 通过衔铁 5 压紧制动盘 8，带动制动垫片（制动块）10 与固定制动盘 17 的作用，电动机处于制动状态。当电动机通电时，磁铁线圈 3 产生磁场，通过磁铁架 4，衔铁 5 逐步吸合，制动盘 8 带制动块 10 渐渐摆脱制动状态，电动机逐步启动运转。电动机断电时，由于电磁铁磁场释放的制约作用，衔铁通过主辅弹簧的作用逐步增加对制动块的压力，使制动力矩逐步增大，达到电动机平缓制动的效果，减少升降机的冲击振动。

当制动盘与制动块磨损到一定程度时，必须更换，如图 3-17 所示。

3) 紧急下降操作

施工升降机如果出现失去动力或控制失效，在无法重新启动时，可进行手动紧急下降操作，如图 3-18 所示，使吊笼下滑到

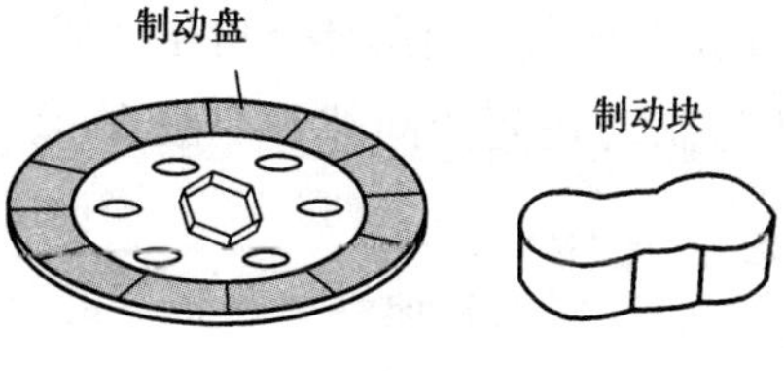

图 3-17　制动盘与制动块

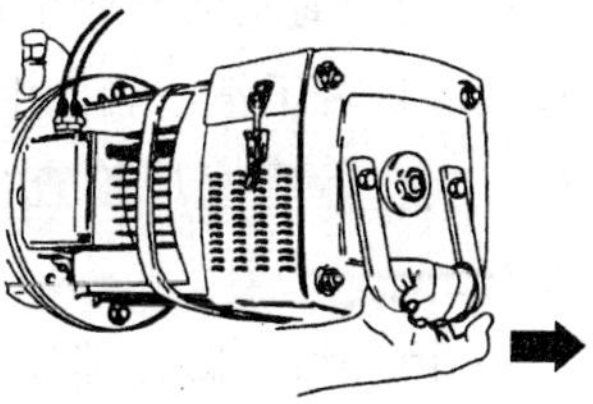

图 3-18　手动紧急下降操作

下一停靠点，使乘员和司机安全离开吊笼。

手动下降操作时，将电动机尾部制动电磁铁手动释放拉手（环）缓缓向外拉出，使吊笼慢慢地下降。吊笼下降时，不能超过安全器的标定动作速度，否则，会引起安全器动作。吊笼的最大紧急下降速度不应超过 0.63m/s。每下降 20m 距离后，应停止 1min，让制动器冷却后再行下降，防止因过热而损坏制动器。手动下降必须由专业人员进行操纵。

4）电动机的电气制动

电动机的电气制动可分为反接制动、能耗制动和再生制动。对于反接制动、能耗制动，在一般的电工基础知识中已作介绍，现着重针对与变频调速与制动有关的再生制动作介绍。

再生制动的原理是由于外力的作用（如起重机在下放重物时），电动机的转速 n 超过同步转速 n_1，电动机处于发电状态，电动机定子中的电流方向反了，电动机转子导体的受力方向也反了，驱动转矩变为制动转矩，即电动机将机械能转化为电能，向电网反馈输电，故称为再生制动（发电制动）。这种制动只有当 $n>n_1$ 时才能实现。

再生制动的特点不是把转速下降到零，而是使转速受到限制，因此，不仅不需要任何设备装置，还能向电网输电，经济性较好。

（4）电动机与电磁制动器的安装要求

1）安装前制动器应单独通电，先将电压降至150V，检查吸合和释放是否正常，有无卡住和异常响声，四角吸合和释放是否一致。吸合后用塞尺检查衔铁与制动块间的间隙，一般在0.5～0.7mm。

2）电动机与减速器安装时，必须保证减速器和联轴器的安装形式、尺寸符合装配要求：

①二轴必须在同一轴线上。

②减速器联轴器和电动机联轴器相对端面间隙为3～5mm间距。

③联轴器与电动机安装时，严禁敲击过猛，防止损坏电动机后端盖。

（5）电动机与制动器的安全技术要求

1）启用新电动机或长期不用的电动机时，需要用500伏兆欧表测量电动机绕组间的绝缘电阻，其绝缘电阻不低于0.5MΩ，否则，应做干燥处理后方可使用。

2）电动机在额定电压偏差±5%的情况下，直流制动器在直流电压偏差±15%的情况下，仍然能保证电动机和直流制动器正常运转和工作。当电压偏差大于额定电压±10%时，应停止使用。

3）施工升降机不得在正常运行中突然进行反向运行。

4）在使用中，当发现振动、过热、焦味、异常响声等反常现象时，应立即切断电源，排除故障后才能使用。

5）当制动器的制动盘磨擦材料单面厚度磨损到接近1mm时，必须更换制动盘。

6）电动机在额定载荷运行时，制动力矩太大或太小，应进行调整。

（6）蜗轮减速器

1）减速器的组成

减速器主要由蜗杆、蜗轮以及箱壳、输出轴、轴承、密封件等零件组成。蜗杆一般用合金钢制成，蜗轮一般由铜合金制成，如图3-19所示。

图3-19 蜗轮减速器

蜗轮副的失效形式主要是胶合，所以在使用中蜗轮减速箱内要按规定保持一定量的油液，要防止缺油和发热。

2）减速箱的润滑

新出厂的蜗轮减速器应防止减速器漏油，运行一定时间后，按说明书要求更换润滑油。减速器的油液，一般使用N320蜗轮油，其运动黏度范围40℃时为288～352，或按说明书要求使用规定的油液，不得随意使用齿轮油或其他油液。

使用中，减速器的油液温升不得超过60℃，否则，会造成油液的黏度急剧下降，使减速器产生漏油和蜗轮、蜗杆啮合时不能很好地形成油膜，造成胶合，长时间会使蜗轮副失效。

（7）齿轮与齿条

提升齿轮副是SC型施工升降机的主要传动机构。齿轮安装在蜗轮减速器的输出端轴上，齿条则安装在导轨架的标准节上。其安装使用要求是：

1）标准节上的齿条应连接牢固，相邻标准节的两齿条在对接处，沿齿高方向的阶差不大于0.3mm；沿长度方向的齿距偏差不大于0.6mm。

2）齿轮与齿条啮合时的接触长度，沿齿高不小于40%；沿齿长不小于50%；齿面侧间隙应在0.2～0.5mm之间。如图3-20所示。

3）由于提升齿轮副的安装载体不同，当啮合传动时，啮合力分解出的径向力将使齿轮副分离，将造成吊笼失去悬挂状态。

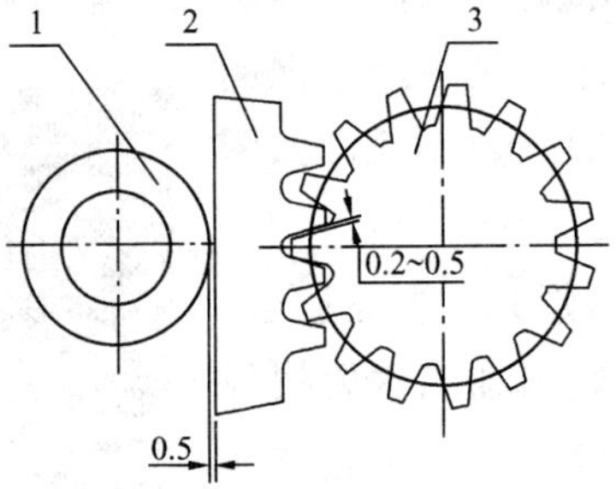

图 3-20　齿轮、齿条和背轮装配示意图

1—背轮；2—齿条；3—齿轮

因此，在齿条的背面应设置一对背轮，背轮沿齿条背面滚动，当需要调整提升齿轮副的啮合间隙时，仅需将背轮的偏心轴回转某一角度即可。

4）齿条和所有驱动齿轮、防坠安全器齿轮应正确啮合。齿条节线和与其平行的齿轮节圆切线重合或距离不超出模数的1/3；当措施失效时，应进一步采取其他措施，保证其距离不超出模数的 2/3。

5）应采取措施防止异物进入驱动齿轮和防坠安全器齿轮的啮合区间。

3.3.2　钢丝绳式施工升降机的驱动装置

钢丝绳式施工升降机驱动机构一般采用卷扬机或曳引机。货用施工升降机通常采用卷扬机驱动，人货两用施工升降机通常采用曳引机驱动，其提升速度不大于 0.63m/s，也可采用卷扬机驱动。

（1）卷扬机

卷扬机具有结构简单、成本低廉的特点。但与曳引机相比，很难实现多根钢丝绳独立牵引，且容易发生乱绳、脱绳和挤压等现象，其安全可靠性较低，因此多用于货用施工升降机。

（2）曳引机

1）曳引机的构造及工作原理

曳引机主要由电动机、减速机、制动器、联轴器、曳引轮、机架等组成。曳引机可分为无齿轮曳引机和有齿轮曳引机两种。施工升降机一般都采用有齿轮曳引机。为了减少曳引机在运动时的噪声和提高平稳性，一般采用蜗杆副作减速传动装置。如图3-21所示。

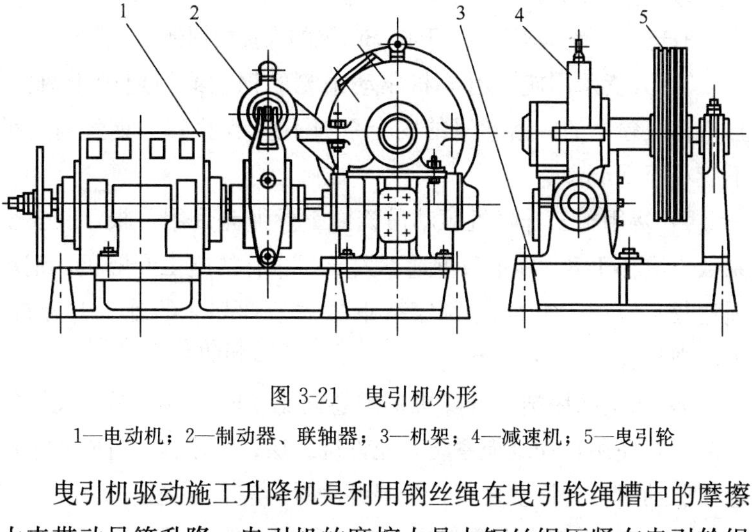

图3-21　曳引机外形

1—电动机；2—制动器、联轴器；3—机架；4—减速机；5—曳引轮

曳引机驱动施工升降机是利用钢丝绳在曳引轮绳槽中的摩擦力来带动吊笼升降。曳引机的摩擦力是由钢丝绳压紧在曳引轮绳槽中而产生，压力愈大摩擦力愈大，曳引力大小还与钢丝绳在曳引轮上的包角有关系，包角愈大，摩擦力也愈大，因而施工升降机必须设置对重。

2）曳引机的特点

①一般为4～5根钢丝绳独立并行曳引，因而同时发生钢丝绳断裂造成吊笼坠落的概率很小。但钢丝绳的受力调整比较麻烦，钢丝绳的磨损比卷扬机的大。

②对重着地时，钢丝绳将在曳引轮上打滑，即使在上限位安全开关失效的情况下，吊笼一般也不会发生冲顶事故，但吊笼不能提升。

③钢丝绳在曳引轮上始终是绷紧的，因此不会脱绳。

④吊笼的部分重量由对重平衡，可以选择较小功率的曳引机。

（3）驱动装置的安全技术要求

1）卷扬机和曳引机在正常工作时，其机外噪声不应大于85dB（A），操作者耳边噪声不应大于88dB（A）。

2）卷扬机驱动仅允许使用于钢丝绳式无对重的货用施工升降机，吊笼额定提升速度不大于0.63m/s的人货两用施工升降机。

3）人货两用施工升降机驱动吊笼的钢丝绳不应少于两根，且为相互独立的。钢丝绳的安全系数不应小于12，钢丝绳直径不应小于9mm。

4）货用施工升降机驱动吊笼的钢丝绳允许用一根，其安全系数不应小于8。额定载重量不大于320kg的施工升降机，钢丝绳直径不应小于6mm；额定载重量大于320kg的施工升降机，钢丝绳直径不应小于8mm。

5）人货两用施工升降机采用卷筒驱动时，钢丝绳只允许绕一层，若使用自动绕绳系统，允许绕二层；货用施工升降机采用卷筒驱动时，允许绕多层，多层缠绕时，应有排绳措施。

6）当吊笼停止在最低位置时，留在卷筒上的钢丝绳不应小于三圈。

7）卷筒两侧边缘大于最外层钢丝绳的高度不应小于钢丝绳直径的两倍。

8）曳引驱动施工升降机，当吊笼或对重停止在被其重量压缩的缓冲器上时，提升钢丝绳不应松弛。当吊笼超载25%并以额定提升速度上、下运行和制动时，钢丝绳在曳引轮绳槽内不应产生滑动。

9）人货两用施工升降机的驱动卷筒应开槽，卷筒绳槽应符合下列要求：

①绳槽轮廓应为大于120°的弧形，槽底半径 R 与钢丝绳半径 r 的关系应为 $1.05r<R\leqslant 1.075r$。

②绳槽的深度不小于钢丝绳直径的1/3。

③绳槽的节距应大于或等于1.15倍钢丝绳直径。

10）人货两用施工升降机的驱动卷筒节径与钢丝绳直径之比不应小于30。对于V形或底部切槽的钢丝绳曳引轮，其节径与钢丝绳直径之比不应小于31。

11）货用施工升降机的驱动卷筒节径、曳引轮节径、滑轮直径与钢丝绳直径之比不应小于20。

12）制动器应是常闭式，其额定制动力矩，对人货两用施工升降机，不低于作业时的额定制动力矩的1.75倍；对货用升降机，不低于作业时的额定制动力矩的1.5倍。不允许使用带式制动器。

13）人货两用施工升降机钢丝绳在驱动卷筒上的绳端应采用楔形装置固定，货用施工升降机钢丝绳在驱动卷筒上的绳端可采用压板固定。

14）卷筒或曳引轮应有钢丝绳防脱装置，该装置与卷筒或曳引轮外缘的间隙不应大于钢丝绳直径的20%，且不大于3mm。

3.4 施工升降机的安全装置

3.4.1 齿轮齿条式施工升降机的安全装置

（1）类型

安全装置主要有防坠安全器、安全钩、安全开关、缓冲装置和超载保护装置等。

1）防坠安全器

防坠安全器按制动特点分为渐进式安全器、瞬时式安全器两种类型。

2）安全开关

安全开关是施工升降机中使用比较多的一种安全防护开关，主要包括电气安全开关和机械联锁开关。

①电气安全开关，主要包括上、下行程限位开关、极限开关、减速开关、防松绳开关及各类门安全开关等。

②机械联锁开关，主要包括围栏门、吊笼门机械联锁开关。

3.4.2 钢丝绳式施工升降机的安全装置

安全装置主要包括防坠安全装置、安全钩、安全开关、缓冲装置和超载保护装置等。

人货两用施工升降机使用的防坠安全装置兼有防坠和限速双重功能；货用施工升降机使用的防坠安全装置由断绳保护装置和停层防坠落装置两部分组成。

3.5 电气系统

3.5.1 齿轮齿条式施工升降机的电气系统

（1）电气系统的组成

电气系统主要分为主电路、主控制电路和辅助电路，图3-22所示为一双驱施工升降机电气原理图，其电器符号、名称见表3-3。

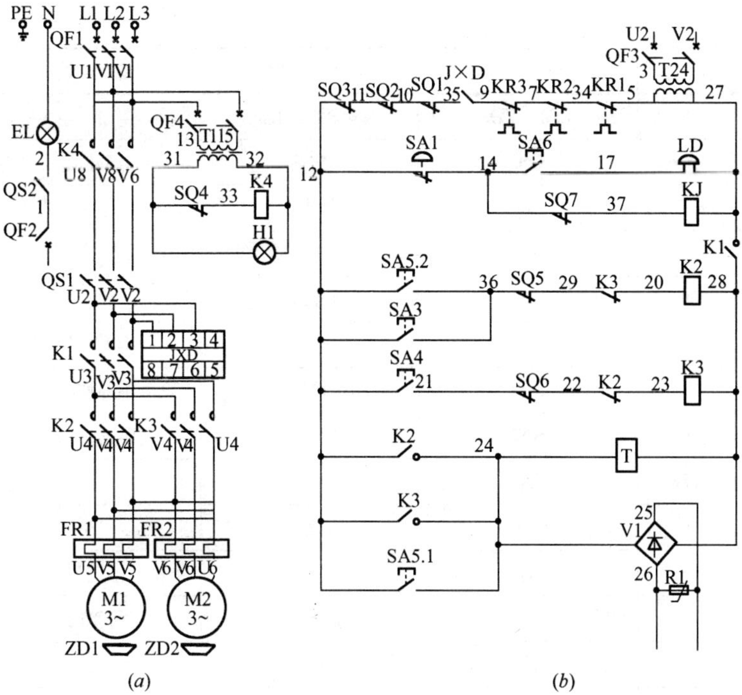

图 3-22　双驱施工升降机电气原理图

（*a*）主电路；（*b*）主控制电路

施工升降机电器符号、名称　　　　表 3-3

序　号	符　　号	名　　称	备　　注
1	QF1	空气开关	
2	QS1	三相极限开关	
3	LD	电铃	～220V
4	JXD	相序和断相保护器	
5	QF2	断路器	
6	QF3　QF4	断路器	
7	FR1　FR2	热继电器	
8	M1　M2	电动机	YZEJ132M-4

续表

序号	符号	名称	备注
9	ZD1　ZD2	电磁制动器	
10	QS2	按钮	灯开关
11	V1	整流桥	
12	R1	压敏电阻	
13	SA1	急停按钮	
14	SA3	按钮	上升按钮
15	SA4	按钮	下降按钮
16	SA5	按钮盒	坠落试验
17	SA6	电铃按钮	
18	H1	信号灯	～220V
19	SQ1	安全开关	吊笼门
20	SQ2	安全开关	吊笼门
21	SQ3	安全开关	天窗门
22	SQ4	安全开关	防护围栏门
23	SQ5	安全开关	上限位
24	SQ6	安全开关	下限位
25	SQ7	安全开关	安全器
26	EL	防潮顶灯	～220V
27	K1、K2、K3、K4	交流接触器	～220V
28	T1	控制变压器	380V/220V
29	T2	控制变压器	380V/220V

1）主电路主要有电动机、断路器、热继电器、电磁制动器和相序断相保护器等电气元件组成。

2）主控制电路主要由分断路器、按钮、交流接触器、控制变压器、安全开关、急停按钮和照明灯等电器元件组成。

3）辅助电路一般有加节、坠落试验和吊杆等控制电路。

①加节控制电路由插座、按钮和操纵盒等电器元件组成；

②坠落试验控制电路由插座、按钮和操纵盒等电器元件组成；

③吊杆控制电路主要由插座、熔断器、按钮、吊杆操纵盒和盘式电动机等电器元件组成。

（2）电气系统控制元件的功能

1）施工升降机采用380V、50Hz三相交流电源，由工地配备施工升降机专用电箱，接入电源到施工升降机开关箱，L1、L2、L3为三相电源，N为零线，PE为接地线。

2）EL为220V防潮吸顶灯，由QF2高分断小型短路器和QS2灯开关控制，如图3-22（*a*）所示。

3）QF1为电路总开关，K4为总电源交流接触器常开触点，其控制电路通过QF4高分断小型短路器、Tl控制变压器（380V/220V）、SQ4围栏门限位开关、Hl信号灯及K4组成。当施工升降机围栏门打开后，SQ4断开，K4失电，接触器触点断开动力电源和控制电源，施工升降机不能启动或停止运行，如图3-22（*a*）所示。

4）QS1为极限开关，当施工升降机运行时越程，并触动极限开关时，QSI动作，切断动力电源和控制电源，施工升降机不能启动或停止运行，如图3-22（*a*）所示。

5）JXD为断相与错相保护继电器，当电源发生断、错相时，JXD就切断控制电路，施工升降机不能启动或停止运行，如图3-22（*a*）所示。

6）K1为主电源交流接触器常开触点，K2和K3为上下行交流接触器常开触点，FR1、FR2为热继电器，当电机M1、M2过热时，FRI1、FR2触点断开控制电路，施工升降机不能启动或停止运行，如图3-22（*a*）所示。

7）控制电路由 T2 控制变压器（380V/220V）及电气元件组成，SQ1、SQ2、SQ3 分别为吊笼门和天窗限位安全开关，当上述门打开时，控制电路失电，施工升降机不能启动或停止运行，如图 3-22（*b*）所示。

8）SA6 为电铃，LD 开关。SAI 为急停开关，SQ7 为安全器安全开关，当上述两开关动作时，K1 失电，K1 主触点断开动力电路，K1 辅助触点断开控制电路，施工升降机不能启动或停止运行，如图 3-22（*b*）所示。

9）SA3 为上升按钮，SA5.2 为吊笼坠落试验前施工升降机上升按钮，SA4 为下降按钮，SQ5 和 SQ6 分别为吊笼上限位和下限位安全开关，T 为计时器，如图 3-22（*b*）所示。

10）SA5.1 为吊笼坠落试验按钮，当 SA5.1 按钮接通后，通过 V1 整流桥使制动器 ZD1、ZD2 得电松闸，吊笼自由下落，如图 3-22（*b*）所示。

3.5.2　钢丝绳式施工升降机的电气系统

（1）钢丝绳式施工升降机采用 380V、50Hz 三相交流电源。由工地配备专用电箱接入电源到施工升降机开关箱，L1、L2、L3 为三相电源，N 为零线，PE 接地线。

（2）电路总开关采用具有漏电、过载、短路保护功能的漏电断路器。

（3）采用断相与错相保护继电器，当电源发生断、错相时，就切断控制电路，施工升降机不能启动或停止运行。

（4）采用热继电器，当电动机发热超过一定温度时，热继电器就及时分断主电路，电动机失电停止转动。

（5）合上电源断路器，上行控制，按上行按钮，电动机启动升降机上行。

(6) 停止时，按下停止按钮，整个控制电路失电，主触头分断，主电动机失电停止转动。

(7) 失压保护，电路若中途发生停电失压，恢复来电时不会自动工作，只有当重新按压上升按钮，电机才会工作。

3.5.3 变频调速施工升降机的电气系统

(1) 变频器调速的工作原理

三相交流异步电动机变频调速原理是改变电动机电源的频率来进行调速的。变频调速有恒磁通调速、恒电流调速和恒功率调速三种调速方法。恒磁通调速又称恒转矩调速，是将转速往额定转速以下调节，应用最广。恒电流调速时，过载能力较小，用于负载容量小且变化不大的场合。

恒功率调速用于调节转速要高于额定转速，而电源电压又不能提高的场合。

变频调速具有质量轻、体积小、惯性小、效率高等优点。采用矢量控制技术，异步电动机调速的机械特性可像励磁直流电动机调速的机械特性一样“硬”。

(2) 变频器的一般安全使用要点

变频器在工作中会产生高温、高压和高频电波，使用中，不论升降机制造单位和维修人员，原则上必须按说明书严格做好防护措施。

1) 变频器在电控箱中的安装与周围设备必须保持一定距离，以利通风散热，一般上下和背部应留有足够间隙。

2) 外接电阻箱会产生高温，一般应当与电控箱分开安装。运行中不要轻易用手去触摸它的外壳，防止烫伤。

3) 变频器在运行中，在电容器放电信号灯未熄灭时，切勿打开变频器外罩和接触接线端子等，防止电击伤人。

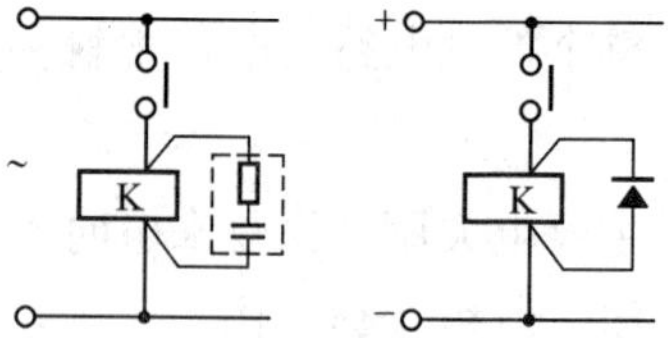

图 3-23　线圈连接冲击吸收器示意图

4）变频器接地必须正确、可靠，有条件的设置专用接地装置。

5）为防止电磁感应产生冲击干扰，电路中感性线圈载荷（如继电器线圈等）应在发生源两端连接冲击吸收器，如图 3-23 所示。

6）如发生变频器对其他设备信号、控制线干扰时，可根据说明书要求采取措施或对变频器输出电路进行电磁屏蔽，以减少干扰影响，如图 3-24 所示。

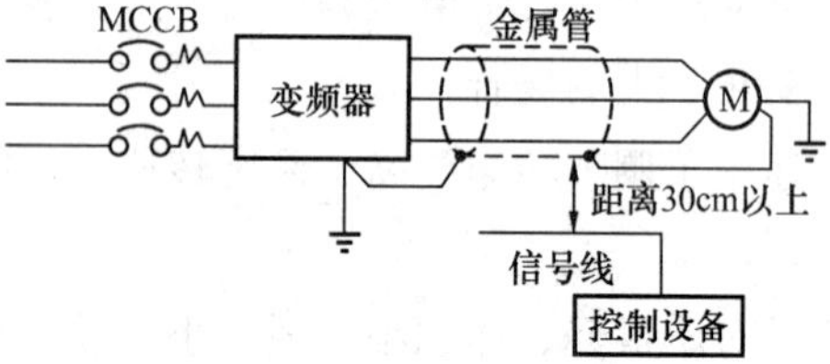

图 3-24　电磁屏蔽抗干扰示意图

3.5.4　电气箱

（1）电气控制箱是施工升降机电气系统的心脏部分，内部主要安装有上、下运行交流接触器、热继电器以及相序和断相保护器等。控制箱安装在吊笼内部，如图 3-25 所示。

（2）操纵台是操纵施工升降机运行的部分，它主要由电锁、万能转换开关、急停按钮、加节按钮、电铃按钮、指示灯等组成，一般也安装在吊笼内部。图 3-26 所示为两种形式的电气控制操纵台。

图 3-25　电气控制箱

(a)　(b)

图 3-26　电气控制操纵台

(3) 电源箱是施工升降机的电源供给部分，主要由空气开关、熔断器等组成。

(4) 电气箱的安全技术要求：

1) 施工升降机的各类电路的接线应符合出厂的技术规定；

2) 电气元件的对地绝缘电阻应不小于 0.5MΩ，电气线路的对地绝缘电阻应不小于 1MΩ；

3) 各类电气箱等不带电的金属外壳均应有可靠接地，其接地电阻应不超过 4Ω；

4) 对老化失效的电气元件应及时更换，对破损的电缆和导线予以包扎或更新；

5) 各类电气箱应完整、完好，保持清洁和干燥，内部严禁堆放杂物等。

4　施工升降机的安全装置

4.1　防坠安全器

4.1.1　防坠安全器的分类及特点

防坠安全器是非电气、气动和手动控制的防止吊笼或对重坠落的机械式安全保护装置。防坠安全器是一种非人为控制的，当吊笼或对重一旦出现失速、坠落情况时，能在设置的距离、速度内使吊笼安全停止。防坠安全器按其制动特点可分为渐进式和瞬时式两种形式。

（1）渐进式防坠安全器

渐进式防坠安全器是一种初始制动力（或力矩）可调，制动过程中制动力（或力矩）逐渐增大的防坠安全器。其特点是制动距离较长，制动平稳，冲击小。

（2）瞬时式防坠安全器

瞬时式防坠安全器是初始制动力（或力矩）不可调，瞬间即可将吊笼或对重制停的防坠安全器。其特点是制动距离较短，制动不平稳，冲击力大。

4.1.2　渐进式防坠安全器

渐进式防坠安全器的全称为齿轮锥鼓形渐进式防坠安全器，

简称安全器。

(1) 渐进式防坠安全器的使用条件

1) SC 型施工升降机

SC 型施工升降机应采用渐进式防坠安全器，当升降机对重质量大于吊笼质量时，还应加设对重防坠安全器。

2) SS 型人货两用施工升降机

对于 SS 型人货两用施工升降机，其吊笼额定提升速度大于 0.63m/s 时，应采用渐进式防坠安全器；当升降机对重额定提升速度大于 1m/s 时，应采用渐进式防坠安全器。

3) SS 型货用施工升降机

对于 SS 型货用施工升降机，其吊笼额定提升速度大于 0.85m/s 时，应采用渐进式防坠安全器。

(2) 渐进式防坠安全器的构造

渐进式防坠安全器主要由齿轮、离心式限速装置、锥鼓形制动装置等组成。离心式限速装置主要由离心块座、离心块、调速弹簧、螺杆等组成；锥鼓形制动装置主要由壳体、摩擦片、外锥体加力螺母、蝶形弹簧等组成。安全器结构如图 4-1 所示。

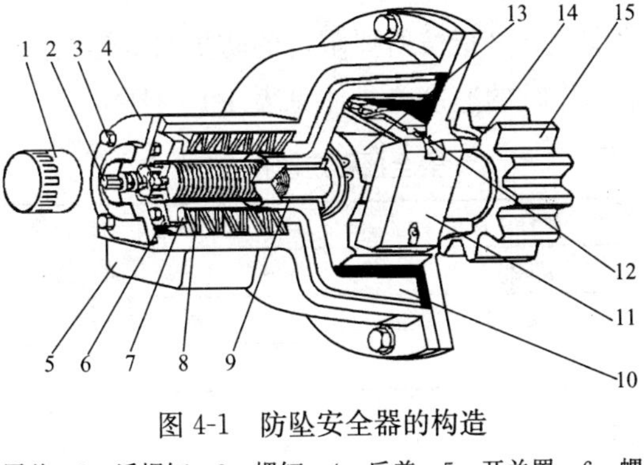

图 4-1 防坠安全器的构造

1—罩盖；2—浮螺钉；3—螺钉；4—后盖；5—开关罩；6—螺母；
7—防转开关压臂；8—蝶形弹簧；9—轴套；10—旋转制动毂；11—离心块；
12—调速弹簧；13—离心座；14—轴套；15—齿轮

（3）渐进式防坠安全器的工作原理

安全器安装在施工升降机吊笼的传动底板上，一端的齿轮啮合在导轨架的齿条上，当吊笼在正常运行时，齿轮轴带动离心块座、离心块、调速弹簧和螺杆等组件一起转动，安全器也就不会动作。当吊笼瞬时超速下降或坠落时，离心块在离心力的作用下压缩调速弹簧并向外甩出，其三角形的头部卡住外锥体的凸台，然后就带动外锥体一起转动。此时外锥体尾部的外螺纹在加力螺母内转动，由于加力螺母被固定住，故外锥体只能向后方移动，这样使外锥体的外锥面紧紧地压向胶合在壳体上的摩擦片，当阻力达到一定量时就使吊笼制停。

（4）渐进式防坠安全器的主要技术参数

1）额定制动载荷

额定制动载荷是指安全器可有效制动停止的最大载荷，目前标准规定为 20kN、30kN、40kN、60kN 四档。SC100/100 型和 SCD200/200 型施工升降机上，配备的安全器的额定制动载荷一般为 30kN；SC200/200 型施工升降机上配备的安全器的额定制动载荷一般为 40kN。

2）标定动作速度

标定动作速度是指按所要限定的防护目标运行速度而调定的安全器开始动作时的速度，具体见表 4-1 的规定。

安全器标定动作速度 **表 4-1**

施工升降机额定提升速度 v（m/s）	安全器标定动作速度 v（m/s）
$v \leqslant 0.60$	$\leqslant 1.00$
$0.60 < v \leqslant 1.33$	$\leqslant v + 0.40$
$v > 1.33$	$\leqslant 1.3v$

3）制动距离

制动距离指从安全器开始动作到吊笼被制动停止时，吊笼所移动的距离。制动距离应符合表 4-2 的规定。

安全器制动距离 **表 4-2**

施工升降机额定提升速度 v (m/s)	安全器制动距离 (m)
$v \leqslant 0.65$	0.15～1.40
$0.65 < v \leqslant 1.00$	0.25～1.60
$1.00 < v \leqslant 1.33$	0.35～1.80
$v > 1.33$	0.55～2.00

4.1.3 瞬时式防坠安全装置

(1) 使用条件

1) 对于SS型人货两用施工升降机，每个吊笼应设置兼有防坠和限速双重功能的防坠安全装置，当吊笼超速下行，或其悬挂装置断裂时，该装置应能将吊笼制停并保持静止状态。

2) SS型人货两用施工升降机吊笼额定提升速度小于或等于0.63m/s时，可采用瞬时式防坠安全装置；当其对重额定提升速度小于或等于1m/s时，可采用瞬时式防坠安全装置。

3) SS型货用施工升降机可采用断绳保护装置和停层防坠落装置两部分组成的防坠安全装置。当吊笼提升钢丝绳松绳或断绳时，该装置应能制停带有额定载重量的吊笼，且不造成结构严重损坏。对于额定提升速度小于或等于0.85m/s的施工升降机，可采用瞬时式防坠安全装置。

(2) SS型人货两用施工升降机的瞬时式防坠安全装置

SS型人货两用施工升降机使用的瞬时式防坠安全装置一般由限速装置和断绳保护装置两部分组成。瞬时式防坠安全装置允许借助悬挂装置的断裂或借助一根安全绳来动作。

1) 限速装置

限速装置主要用于钢丝绳式施工升降机上，与断绳保护装置配合使用。其工作原理如图4-2所示，在外壳上固定悬臂轴6，

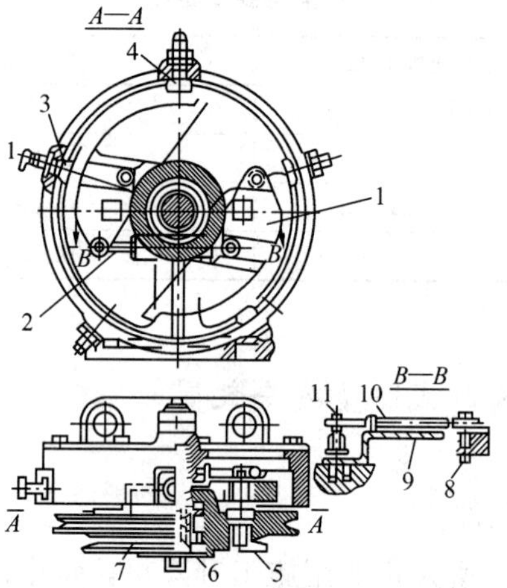

图 4-2　限速器工作原理

1—离心块；2—拉杆；3—挡块；4—固定挡块；5—销轴；
6—悬臂轴；7—槽轮；8—销；9—支架；10—预紧弹簧；11—销

限速钢丝绳通过槽轮装在悬臂轴上。槽轮有两个不同直径的沟槽，大直径的用于正常工作，小直径的用来检查限速器动作是否灵敏。固定在槽轮上的销轴 5 上装有离心块 1，两离心块之间用拉杆 2 铰接，以保证两离心块同步运动。通过调节拉杆 2 的长度可改变销子 8 和销子 11 之间的距离，在装离心块一侧的槽轮表面上固定有支架 9，在支承端部与拉杆螺母之间装有预紧弹簧 10。由于拉杆连接离心块，弹簧力迫使离心块靠近槽轮旋转中心，固定挡块 4 凸出在外壳内圆柱表面上。当槽轮在与吊笼上的断绳保护装置带动系统杆件连接的限速钢丝绳带动下，以额定速度旋转时，离心块产生的离心力还不足以克服弹簧张力，限速器随同正常运行的吊笼而旋转；当提升钢丝绳拉断或松脱，吊笼以超过正常的运行速度坠落时，限速钢丝绳带动限速器槽轮超速旋转，离心块在较大的离心力作用下张开，并抵在挡块 4 上，停止槽轮转动。当吊笼继续坠落时，停转的限速器槽轮靠摩擦力拉紧限速钢丝绳，通过带动系统杆件驱动断绳保护装置制停吊笼。在瞬时式限速器上还装有限位开关，当限速器动作时，能同时切断施工升降机动力电源。

2）断绳保护装置

瞬时式断绳保护装置也叫楔块式捕捉器，与瞬时式限速器配合使用，如图 4-3 所示。捕捉器有两对夹持楔块，捕捉器动作时，导轨被夹紧在两个楔块之间，楔块镶嵌在闸块上，闸块由拉杆连接，由压簧激发系统带动工作。

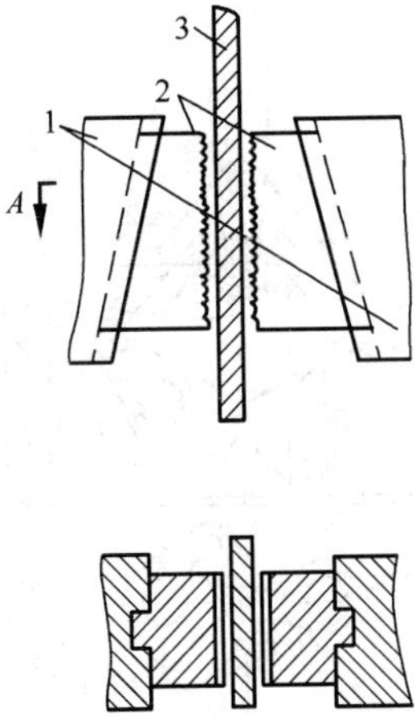

图 4-3　瞬时式断绳保护装置
1—楔块；2—闸块；3—导轨

（3）SS 型货用施工升降机的瞬时式防坠安全装置

SS 型货用施工升降机的瞬时式防坠安全装置应具有断绳保护和停层防坠落功能。在吊笼停层后，人员出入吊笼之前，停层防坠落装置应动作，使吊笼的下降操作无效，即使此时发生吊笼提升钢丝绳断绳，吊笼也不会坠落。

1）防坠安全装置的构造

图 4-4 所示为具有断绳保护和停层防坠落功能的组合式安全器。其构造由主动杆、从动杆、下连杆、轮轴、偏心轮、弹簧、拉杆、横连杆、连杆、连杆、轮轴、偏心轮和弹簧等组成。

2）防坠安全装置工作原理

①断绳保护装置工作原理，如图 4-4 所示。当卷扬机启动拉紧钢丝绳时，连接在起重钢丝绳上的主动杆 1 向上拉起，同时拉动从动杆 2 向上运动、压缩弹簧 6 和在连杆 2 带动下连杆 3 围绕轮轴 4 向中间转动，再由轮轴 4 带动偏心轮 5，向外两侧转动离

开导轨，此时吊笼可以运行，如图 4-5（*a*）所示。而当钢丝绳松弛或断绳时，连杆 1 在弹簧 6 的作用下，克服阻力向下移动，推动连杆 2 使连杆 3 围绕轮轴 4 向外侧转动，同时带动偏心轮向中间转动夹紧导轨，将吊笼制停在导轨架上，如图 4-5（*b*）所示。

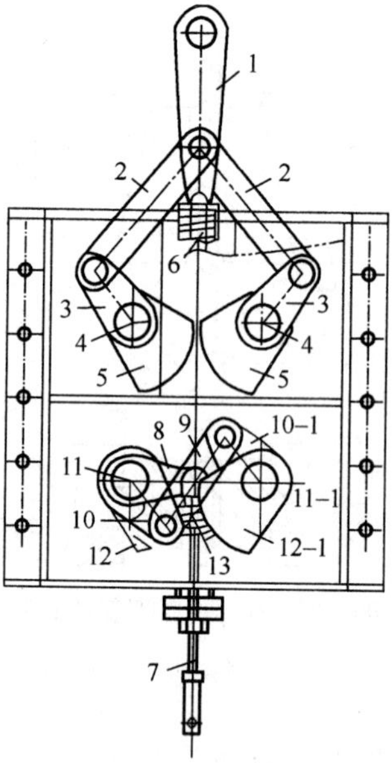

图 4-4 防坠安全装置结构示意图
1—主动杆；2—从动杆；3—下连杆；4—轮轴；5—偏心轮；6—弹簧；7—拉杆；8—横连杆；9—连杆；10、10-1—连杆；11、11-1—轮轴；12、12-1—偏心轮；13—弹簧

②停层防坠落装置工作原理，如图 4-4 所示。在吊笼运行前，向下拉动拉杆 7，带动横连杆 8 围绕轮轴 11 向下转动，在轮轴 11 的带动下使同侧的连杆 10 和偏心轮 12 一起向外侧转动。而当连杆 10 在转动时，同时带动另一侧的连杆 10-1 和偏心轮 12-1 围绕轮轴 11-1 一起向外侧转动，此时两偏心轮同时离开导轨，吊笼可启动，如图 4-6（*b*）所示。当到达层站时，只要松开拉杆 7 的约束，在弹簧 13 的作用下，拉杆 7 向上移动，完成一系列动作后，使两偏心轮向中间转动，达到夹紧导轨防止吊笼坠落的目的，如图 4-6（*a*）所示。

3）防坠安全装置的试验

当施工升降机安装后和使用过程中应进行坠落试验和对停层防坠装置进行试验。坠落试验时，应在吊笼内装上额定载荷并把吊笼上升到离地面 3m 左右高度后停住，然后用模拟断绳的方法进行试验。停层防坠落装置试验时，应在吊笼内装上额定载荷把吊笼上升 1m 左右高度后停住，在断绳保护装置不起作用的情况

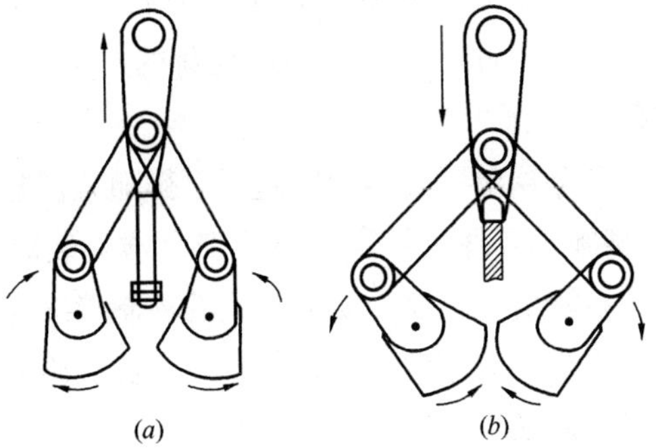

图 4-5　断绳保护装置工作状态图

（a）吊笼运行状态；（b）夹紧状态

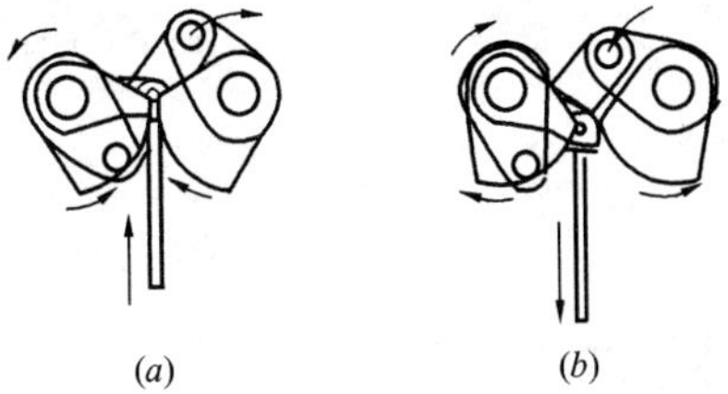

图 4-6　停层防坠落装置示意图

（a）停层状态；（b）运行状态

下，放松拉杆 7，使偏心轮夹紧导轨，然后启动卷扬机使钢丝绳松弛，看吊笼是否下降。

4.1.4　防坠安全器的安全技术要求

（1）防坠安全器必须进行定期检验标定，定期检验应有相应资质的单位进行。

（2）防坠安全器只能在有效的标定期内使用，有效检验标定期限不应超过 1 年。

(3) 施工升降机每次安装后，必须进行额定载荷的坠落试验，以后至少每三个月进行一次额定载荷的坠落试验。试验时，吊笼不允许载人。

(4) 防坠安全器出厂后，动作速度不得随意调整。

(5) SC 型施工升降机使用的防坠安全器安装时透气孔应向下，紧固螺孔不能出现裂纹，安全开关的控制接线完好。

(6) 防坠安全器动作后，需要由专业人员实施复位，使施工升降机恢复到正常工作状态。

(7) 防坠安全器在任何时候都应该起作用，包括安装和拆卸工况。

(8) 防坠安全器不应由电动、液压或气动操纵的装置触发。

(9) 一旦防坠安全器触发，正常控制下的吊笼运行应由电气安全装置自动中止。

4.2 电气安全开关

电气安全开关是施工升降机中使用比较多的一种安全防护开关。当施工升降机没有满足运行条件或在运行中出现不安全状况时，电气安全开关动作，施工升降机不能启动或自动停止运行。

4.2.1 电气安全开关的种类

施工升降机的电气安全开关大致可分为行程安全控制和安全装置联锁控制两大类。

(1) 行程安全控制开关

行程安全控制开关是指当施工升降机的吊笼超越了允许运动的范围时，能自动停止吊笼的运行。主要有上、下行程限位开关、减速开关和极限开关。

1）行程限位开关

上、下行程限位开关安装在吊笼安全器底板上，当吊笼运行至上、下限位位置时，限位开关与导轨架上的限位挡板碰触，吊笼停止运行，当吊笼反方向运行时，限位开关自动复位。

2）减速开关

变频调速施工升降机必须设置减速开关，当吊笼下降时在触发下限位开关前，应先触发减速开关，使变频器切断加速电路，以避免吊笼下降时冲击底座。

3）极限开关

施工升降机必须设置极限开关，当吊笼在运行时如果上、下限位开关出现失效，超出限位挡板，并越程后，极限开关须切断总电源使吊笼停止运行。极限开关应为非自动复位型的开关，其动作后必须手动复位才能使吊笼重新启动。在正常工作状态下，下极限开关挡板的安装位置，应保证吊笼碰到缓冲器之前，极限开关应首先动作。

（2）安全装置联锁控制开关

当施工升降机出现不安全状态，触发安全装置动作后，能及时切断电源或控制电路，使电动机停止运转。该类电气安全开关主要有防坠安全器安全开关和防松绳开关两种。

1）防坠安全器安全开关

防坠安全器动作时，设在安全器上的安全开关能立即将电动机的电路断开，制动器制动。

2）防松绳开关

①施工升降机的对重钢丝绳绳数为两条时，钢丝绳组与吊笼连接的一端应设置张力均衡装置，并装有由相对伸长量控制的非自动复位型的防松绳开关。当其中一条钢丝绳出现的相对伸长量超过允许值或断绳时，该开关将切断控制电路，同时制动器制

动，使吊笼停止运行。

②对重钢丝绳采用单根钢丝绳时，也应设置防松（断）绳开关，当施工升降机出现松绳或断绳时，该开关应立即切断电机控制电路，同时制动器制动，使吊笼停止运行。

3）门安全控制开关

当施工升降机的各类门没有关闭时，施工升降机就不能启动；而当施工升降机在运行中把门打开时，施工升降机吊笼就会自动停止运行。该类电气安全开关主要有：单行门、双行门、顶盖门、围栏门等安全开关。

4.2.2 电气安全开关的安全技术要求

（1）电气安全开关必须安装牢固，不能松动。

（2）电气安全开关应完整、完好，紧固螺栓应齐全，不能缺少或松动。

（3）电气安全开关的臂杆，不能歪曲变形，防止安全开关失效。

（4）每班都要检查极限开关的有效性，防止极限开关失效。

（5）严禁用触发上、下限位开关来作为吊笼在最高层站和地面站停站的操作。

4.3 机械门锁

施工升降机的吊笼门、顶盖门、地面防护围栏门都装有机械电气联锁装置。各个门未关闭或关闭不严，电气安全开关将不能闭合，吊笼不能启动工作；吊笼运行中，一旦门被打开，吊笼的控制电路也将被切断，吊笼停止运行。

4.3.1 围栏门的机械联锁装置

（1）围栏门的机械联锁装置的作用

围栏门应装有机械联锁装置，使吊笼只有位于地面规定的位置时围栏门才能开启，且在门开启后吊笼不能启动。目的是为了防止在吊笼离开基础平台后，人员误入基础平台造成事故。

（2）围栏门的机械联锁装置的结构

机械联锁装置的结构，如图 4-7 所示。由机械锁钩 1、压簧 2、销轴 3 和支座 4 组成。整个装置由支座 4 安装在围栏门框上。当吊笼停靠在基础平台上时，吊笼上的开门挡板压着机械锁钩的尾部，机械锁钩就离开围栏门，此时围栏门才能打开，而当围栏门打开时，电气安全开关作用，吊笼就不能启动；当吊笼运行离开基础平台时，机械锁在压簧 2 的作用下，机械锁钩扣住围栏门，围栏门就不能打开；如强行打开围栏门时，吊笼就会立即停止运行。

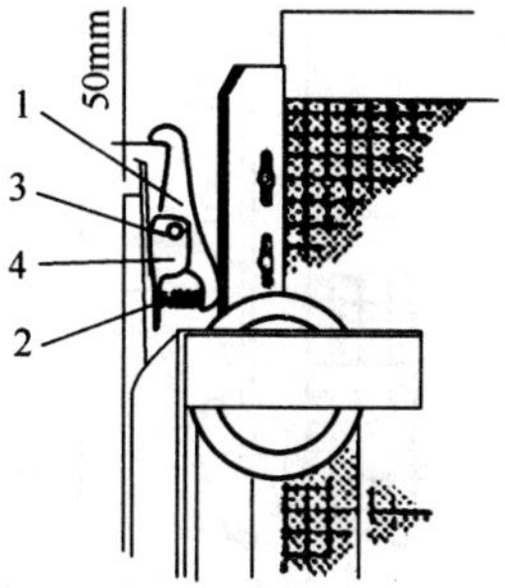

图 4-7 机械联锁装置
1—机械锁钩；2—压簧；3—销轴；4—支座

4.3.2 吊笼门的机械联锁装置

吊笼设有进料门和出料门，进料门一般为单门，出料门一般为双门，进出门均设有机械锁止装置，当吊笼位于地面规定的位置和停层位置时，吊笼门才能开启。进出门完全关闭后，吊笼才能启动运行。

图 4-8 所示为吊笼进料门机械联锁装置，由门上的挡块 1、

门框上的机械锁钩 2、压簧 3、销轴 4 和支座 5 组成。当吊笼下降到地面时，施工升降机围栏上的开门压板压着机械锁钩的尾部，同时机械锁钩就离开门上的挡块，此时门才能开启。当门关闭吊笼离地后，吊笼门框上的机械锁钩在压簧的作用下嵌入门上的挡块缺口内，吊笼门被锁住。图 4-9 所示为吊笼出料门的机械联锁装置构造。

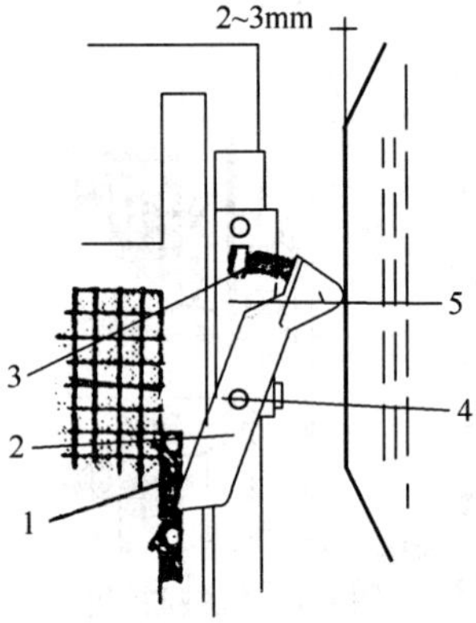

图 4-8　机械联锁装置

1—挡块；2—机械锁钩；3—压簧；4—销轴；5—支座

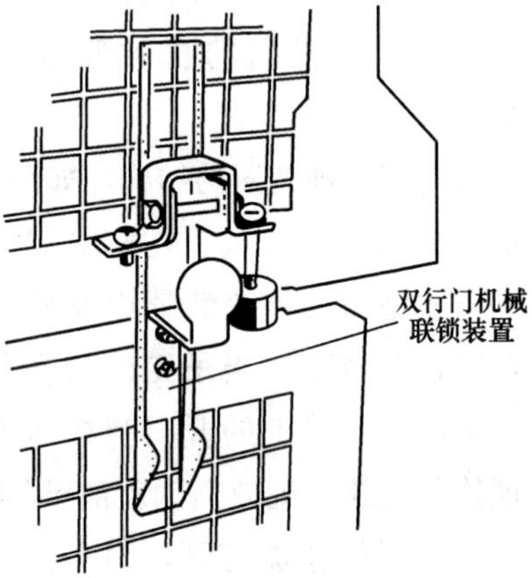

图 4-9　双行门机械联锁装置

4.4　其他安全装置

4.4.1　缓冲装置

（1）缓冲装置的作用

缓冲装置是安装在施工升降机底架上，用以吸收下降的吊笼或对重的动能，起到缓冲作用。

施工升降机的缓冲装置主要使用弹簧缓冲器，如图 4-10 所示。

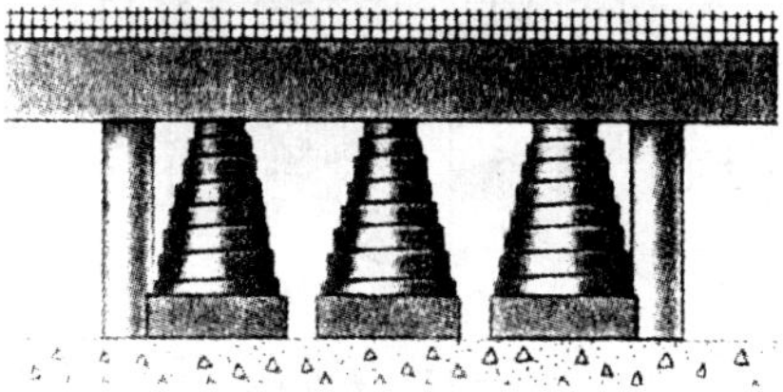

图 4-10　弹簧缓冲器

(2) 缓冲装置的安全要求

1) 每个吊笼设 2～3 个缓冲器，对重一个缓冲器。同一组缓冲器的顶面相对高度差不应超过 2mm。

2) 缓冲器中心与吊笼底梁或对重相应中心的偏移，不应超过 20mm。

3) 经常清理基础上的垃圾和杂物，防止堆在缓冲器上，使缓冲器失效。

4) 应定期检查缓冲器的弹簧，发现锈蚀严重超标的要及时更换。

4.4.2　安全钩

(1) 安全钩的作用

安全钩是防止吊笼倾翻的挡块。其作用是防止吊笼脱离导轨架或防坠安全器输出端齿轮脱离齿条，如图 4-11 所示。

(2) 安全钩的基本构造

安全钩一般有整体浇铸和钢板加工两种。其结构分底板和钩体两部分，底板由螺栓固定在施工升降机吊笼的立柱上。

图 4-11　安全钩

（3）安全钩的安全要求

1）安全钩必须成对设置，在吊笼立柱上一般安装上下二组安全钩，安装应牢固。

2）上面一组安全钩的安装位置必须低于最下方的驱动齿轮。

3）安全钩出现焊缝开裂、变形时，应及时更换。

4.4.3　齿条挡块

为避免施工升降机在运行或吊笼下坠时，防坠安全器的齿轮与齿条啮合分离，施工升降机应采用齿条背轮和齿条挡块。在当齿条背轮失效后，齿条挡块就成为最终的防护装置。

4.4.4　错相断相保护器

电路应设有相序和断相保护器。当电路发生错相或断相时，保护器就能通过控制电路及时切断电动机电源，使施工升降机无法启动。

4.4.5　超载保护装置

超载限制器是用于施工升降机超载运行的安全装置，常用的有电子传感器式、弹簧式和拉力环式三种。

（1）电子传感器超载保护装置

图 4-12 所示为施工升降机常用的电子传感器式保护装置，其工作原理：当重量传感器得到吊笼内载荷变化而产生的微弱信号，输入放大器后，经 A/D 转换成数字信号，再将信号送到微处理器进行处理，其结果与所设定的动作点进行比较，如果通过所设定的动作点，则继电器分别工作。当载荷达到额定载荷的 90％时，警示灯闪烁，报警器发出断续声响；当载荷接近或达到额定载荷的 110％时，报警器发出连续声响，此时吊笼不能启

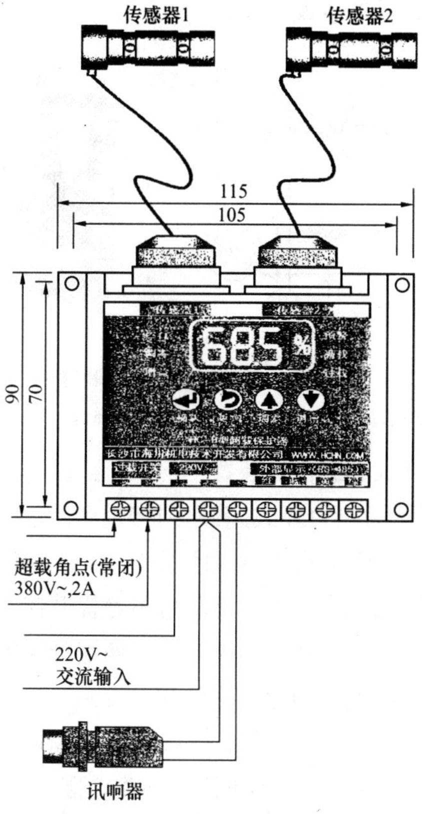

图 4-12　电子传感器超载保护装置

动。保护装置由于采用了数字显示方式，即可实时显示吊笼内的载荷值变化情况，还能及时发现超载报警点的偏离情况，及时进行调整。

（2）弹簧式超载保护装置

弹簧式超载保护装置安装在地面转向滑轮上。图 4-13 所示为弹簧式超载限制器结构示意图。超载保护装置由钢丝绳 1、地面转向滑轮 2、支架 3、弹簧 4 和行程开关 5 组成。当载荷达到额定载荷的 110%时，行程开关被压动，断开控制电路，使施工升降机停机，起到超载保护作用。其特点是结构简单、成本低，但可靠性较差，易产生误动作。

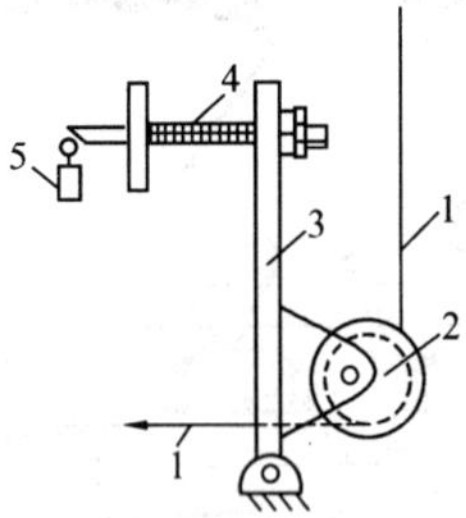

图 4-13　弹簧式超载保护装置

1—钢丝绳；2—转向滑轮；3—支架；4—弹簧；5—行程开关

（3）拉力环式超载保护装置

图 4-14 所示为拉力环式超载保护装置结构。该超载限制器由弹簧钢片 1、微动开关 2、4 和触发螺钉 3、5 组成。

使用时，将两端串入施工升降机吊笼提升钢丝绳中，当受到吊笼载荷重力时，拉力环立即会变形，两块形变钢片立即会向中间挤压，带动装在上边的微动开关和触发螺钉，当受力达到报警限制值时，其中一个开关动作；当拉力环继续增大时，达到调节的超载限制值时，使另一个开关也动作，断开电源，吊笼不能启动。

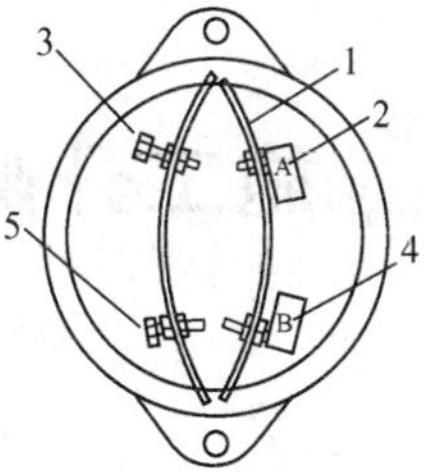

图 4-14　拉力环式超载保护装置示意图

1—弹簧钢片；2、4—微动开关；3、5—触发螺钉

（4）超载保护装置的安全要求

1）超载保护装置的显示器要防止淋雨受潮。

2）在安装、拆卸、使用和维护过程中应避免对超载保护装置的冲击、振动。

3）使用前应对超载保护装置进行调整，使用中发现设定的限定值出现偏差，应及时进行调整。

5 施工升降机的安全使用

5.1 施工升降机司机的岗位职责

5.1.1 施工升降机司机的岗位责任制

（1）建立岗位责任制的意义

施工升降机使用得正常与否，决定于司机的高度责任心和熟练的操作技术。从人和设备的关系上来看，一方面，人是设备的创造者和操作者；另一方面，在生产过程中，人又为设备本身的运转规律所支配。因此，在设备使用过程中，必须有熟悉和掌握设备运转、操作、维修技术人员和相应管理人员，才能使机械设备处于完好状态，充分发挥其效能。

司机的岗位责任制，就是把施工升降机的使用和管理的责任落实到具体人员身上，也就是把人与机的关系相对固定下来，由他们负责操作、维护、保养和保管，在使用过程中对机械技术状况和使用效率全面负责，以增强司机爱护机械设备的责任心，有利于司机熟悉机械特性，熟练掌握操作技术，合理使用机械设备，提高机械效率，确保安全生产。

（2）岗位责任制的形式

施工升降机的使用必须贯彻“管、用、养结合”和“人机固定”的原则，实行定人、定机、定岗位的岗位责任制。也就是每台施工升降机有专人操作、维护与保管。实行岗位责任制，可根据施工升降机使用类型的不同，可采取下列两种形式：

1）施工升降机由单人驾驶的，应明确其为机械使用负责人，承担机长职责。

2）多班作业或多人驾驶的施工升降机，应任命一人为机长，其余为机员。机长选定后，应由施工升降机的使用或所有单位任命，并保持相对稳定，一般不轻易变动。在设备内部调动时，最好人随机动。

（3）岗位责任制的内容

1）机长岗位责任制内容

机长是机组的负责人和组织者，其主要职责是：

①指导机组人员正确使用施工升降机，发挥机械效能，努力完成施工生产任务等各项技术经济指标，确保安全作业；

②带领机组人员坚持业务学习，不断提高业务水平，模范地遵守操作规程和有关安全生产的规章制度；

③检查、督促机组人员共同做好施工升降机维护、保养，保证机械和附属装置及随机工具整洁、完好，延长设备的使用寿命；

④督促机组人员认真落实交接班制度。

2）司机岗位责任制内容

司机在机长带领下，除协助机长工作和完成施工生产任务外，还应做好下列工作：

①严格遵守施工升降机安全操作规程，严禁违章作业；

②认真做好施工升降机作业前的检查、试运转；

③及时做好班后整理工作，认真填写试车检查记录、设备运转记录；

④严格遵守施工现场的安全管理规定；

⑤做好施工升降机的“调整、紧固、清洁、润滑、防腐”等维护保养工作；

⑥及时处理和报告施工升降机故障及安全隐患。

3）实习司机

实习司机在机长和师傅的指导下，努力学习操作、保养技术，并做好以下工作：

①尊敬师傅，接受分配的工作，未经师傅许可，不准擅自操作和启动施工升降机；

②遵守安全操作规程，在师傅指导下，努力学习操作和保养等技术技能；

③协助机长和师傅填写使用记录。

5.1.2 交接班制度

为使施工升降机在多班作业或多人轮班操作时，能相互了解情况、交待问题、分清责任，防止机械损坏和附件丢失，保证施工生产的连续进行，必须建立交接班制度作为岗位责任制的组成部分。

交接班时，双方都要全面检查，做到不漏项目，交接清楚，由交方负责填写交接班记录，接方核对相符经签收后，交方才能下班。

（1）交班司机职责

1）检查施工升降机的机械、电器部分是否完好；

2）操作手柄置于零位，切断电源；

3）本班施工升降机运转情况、保养情况及有无异常情况；

4）交接随机工具、附件等情况；

5）打扫卫生，保持清洁；

6）认真填写好设备运转记录和交接班记录。

（2）接班司机职责

1）认真听取上一班司机工作情况介绍；

2）仔细检查施工升降机各部件完好情况；

3）使用前必须进行空载试验运转，检查限位开关、紧急开关等是否灵敏可靠，如有问题应及时修复后方可使用，并做好记录。

（3）交接班记录内容

交接班记录具体内容和格式，见表5-1。交接记录簿由机械管理部门于月末更换，收回的记录簿是设备使用中的原始记录，应保存备查。机长应经常检查交接班制度的执行情况，并作为司机日常考核的依据。

施工升降机交接班记录表　　表5-1

<table>
<tr><td colspan="2">工程名称</td><td></td><td>设备编号</td><td colspan="3"></td></tr>
<tr><td colspan="2">设备型号</td><td></td><td>运转台时</td><td></td><td>天气</td><td></td></tr>
<tr><td>序号</td><td colspan="2">检查项目及要求</td><td colspan="2">交班检查</td><td colspan="2">接班检查</td></tr>
<tr><td>1</td><td colspan="2">施工升降机通道无障碍物</td><td colspan="2"></td><td colspan="2"></td></tr>
<tr><td>2</td><td colspan="2">基础围栏门、吊笼门机电联锁完好</td><td colspan="2"></td><td colspan="2"></td></tr>
<tr><td>3</td><td colspan="2">各限位器灵敏可靠</td><td colspan="2"></td><td colspan="2"></td></tr>
<tr><td>4</td><td colspan="2">各制动器灵敏可靠</td><td colspan="2"></td><td colspan="2"></td></tr>
<tr><td>5</td><td colspan="2">清洁</td><td colspan="2"></td><td colspan="2"></td></tr>
<tr><td>6</td><td colspan="2">润滑充足</td><td colspan="2"></td><td colspan="2"></td></tr>
<tr><td>7</td><td colspan="2">各部件紧固，无松动</td><td colspan="2"></td><td colspan="2"></td></tr>
<tr><td>8</td><td colspan="2">是否存在故障</td><td colspan="2"></td><td colspan="2"></td></tr>
<tr><td>9</td><td colspan="6">本班设备运行情况：</td></tr>
<tr><td>10</td><td colspan="6">本班设备作业项目及内容：</td></tr>
<tr><td>11</td><td colspan="6">本班应注意的事项：</td></tr>
<tr><td colspan="3">交班人（签名）：</td><td colspan="4">接班人（签名）：</td></tr>
<tr><td colspan="7">交接时间：　　年　　月　　日　　时　　分</td></tr>
</table>

5.2 施工升降机安全作业条件

施工升降机在施工中要保证安全使用和正常运行，必须具备一定的安全技术条件。一般来说，安全技术条件包括驾驶人员条件、环境设施条件和技术条件等。

5.2.1 施工升降机司机条件

从事施工升降机驾驶操作人员应当具备以下条件：

（1）年满18周岁，具有初中以上的文化程度。

（2）每年须进行一次身体检查，矫正视力不低于5.0，没有色盲、听觉障碍、心脏病、贫血、美尼尔症、癫痫、眩晕、突发性昏厥、断指等妨碍起重作业的疾病和缺陷。

（3）接受专门安全操作知识培训，经建设主管部门考核合格，取得建筑施工特种作业操作资格证书。

（4）首次取得证书的人员实习操作不得少于三个月。否则，不得独立上岗作业。

（5）持证人员必须按规定进行操作证的复审，对到期未经复审或复审不合格的人员，不得继续独立操作施工升降机。

（6）每年应当参加不少于24h的安全生产教育。

5.2.2 环境设施条件

（1）环境温度应当为－20～＋40℃。

（2）顶部风速不得大于20m/s。

（3）电源电压值偏差应当小于±5％。

(4) 基础周围应有排水设施，基础四周 5m 内不得开挖沟槽，30m 范围内不得进行对基础有较大振动的施工。

(5) 在吊笼地面出入口处应搭设防护隔离棚，其纵距必须大于出入口的宽度，其横距应满足高处作业物体坠落规定半径范围要求。

5.3 施工升降机的安全操作要求

5.3.1 使用前的检查

(1) 作业前，应当检查以下事项：

1) 检查导轨架等结构有无变形，连接螺栓有无松动，节点有无裂缝、开焊等情况。

2) 检查附墙是否牢固，接料平台是否平整，防护是否到位。

3) 检查钢丝绳固定是否良好，断股断丝是否超标。

4) 查看吊笼和对重运行范围内有无障碍物等。

(2) 启动前，应当检查以下事项：

1) 电源接通前，检查地线、电缆是否完整无损，操纵开关是否置于零位。

2) 电源接通后，检查电压是否正常、机件有无漏电、电气仪表是否灵敏有效。

3) 进行以下操作，检查的安全开关是否有效，应当确保吊笼均不能启动：

①打开围栏门；

②打开吊笼单开门；

③打开吊笼双开门；

④打开顶盖紧急出口门；

⑤触动防断绳安全开关；

⑥按下紧急制动按钮。

(3) 进行空载运行，检查上、下限位开关、极限开关及其碰铁是否有效、可靠、灵敏。

(4) 检查各润滑部位，应润滑良好。如润滑情况差，应及时进行润滑；油液不足应及时补充润滑油。

5.3.2 施工升降机操作的一般步骤

以SC200系列某型号施工升降机为例，说明施工升降机操作的一般步骤。

(1) 熟悉使用说明书

当接管从未操作过的施工升降机或新出厂第一次使用的施工升降机，首先须认真阅读该机的使用说明书，了解施工升降机的结构特点，熟悉使用性能和技术参数，掌握操作程序、安全使用规定和维护保养要求。

(2) 熟悉操作台面板

如图5-1所示，通常情况下施工升降机的操纵台面板上配有启动、急停、电铃等按钮，安装了操作手柄，可操作吊笼上升、下降，并配有电压表、电源锁、照明开关以及电源、常规、加节指示灯等。施工升降机司机应当按说明书的内容逐项熟悉并掌握施工升降机的部件、机构、安全装置和操纵台以及操作面板上各类按钮、仪表、指示灯的作用。

1) 电源锁，打开后控制系统将通电。

2) 电压表，供查看供电电压是否稳定。

3) 启动按钮，按下后主回路供电。

4) 操作手柄，控制吊笼向上或向下运行。

(*a*)

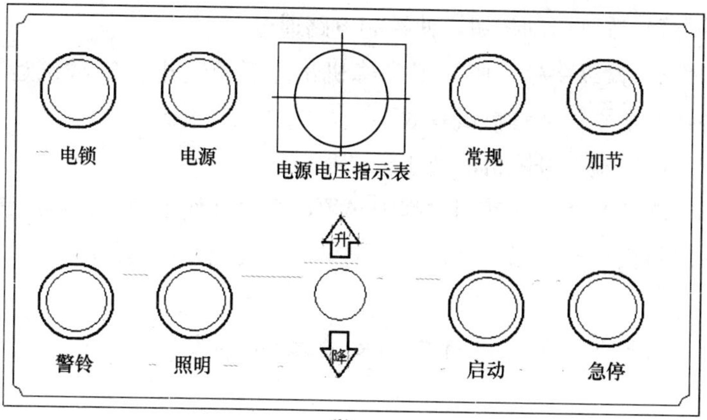

(*b*)

图 5-1　操作台面板

(*a*) 操纵台面板实物图；(*b*) 操纵台面板示意图

5）电铃按钮，按下后发出警示铃声信号。

6）急停按钮，按下后切断控制系统电源。

7）照明开关，控制驾驶室照明。

8）电源指示灯，显示控制电路通断情况。

9）常规指示灯，显示设备处于正常工作状态。

10）加节指示灯，显示施工升降机正处于加节安装工作状态。

(3) 施工升降机正常驾驶的步骤

1) 依次打开防护围栏门、吊笼门，进入吊笼。

2) 确认吊笼内的极限开关手柄置于中间位置，确认操纵台上的紧急制动按钮处于打开状态，升降操纵手柄置于中间位置。

3) 把围栏门上电源箱的电源开关置于“合”或“ON”位置，接通电源。

4) 依次关闭围栏门、吊笼单行门、双行门等。

5) 观察电压表，确认电源电压正常稳定。

6) 用钥匙打开控制电源。

7) 按下启动按钮，使控制电路通电。

8) 操纵手柄，使施工升降机吊笼运行，进行空载试运转，确认安全限位装置灵敏有效。

(4) 施工升降机的使用记录

施工升降机在使用过程中必须认真做好使用记录，使用记录一般包括运行记录、维护保养记录、交接记录和其他内容。

5.3.3 正常运行中的安全操作要求

(1) 施工升降机在每班首次运行时，应当将吊笼升离地面1～2m，试验制动器的可靠性，如发现制动器不正常，应修复后方可运行。

(2) 吊笼内乘人或载物时，应使载荷均匀分布，防止偏重，严禁超载运行。

1) 司机应监督施工升降机的负荷情况，当超载、超重时，应当停止施工升降机的运行；

2) 当物件装入吊笼后，首先应检查物件有无伸出吊笼外情况，应特别注意装载位置，确保堆放稳妥，防止物件倾倒；

3）物体不得伸出、阻挡吊笼上的紧急出口，平时正常行驶时应将紧急出口关闭；

4）施工升降机运行时，人员的头、手等身体任何部位严禁伸出吊笼；

5）装运易燃和易爆危险物品时，必须要有安全防护措施；

6）装运有腐蚀危险的各种液体及其他危险品，必须采用专用容器搬运，并确保堆放稳妥。

（3）在等候载物或人员时，应当监督他人不得站在吊笼和卸料平台之间，应站在吊笼内，或在卸料平台等候。

（4）如有人在导轨架上或附墙架上作业时，不得开动施工升降机，当吊笼升起时严禁有人进入地面防护围栏内。

（5）吊笼启动前必须鸣铃示意。

（6）司机在工作时间内不得擅自离开工作岗位。必须离开岗位时，应将吊笼停在地面站台，把吊笼门关闭上锁，将钥匙取走，并挂上有关告示牌。

（7）在施工升降机未切断电源前，司机不得离开工作岗位。

（8）施工升降机运行到最上层和最下层时，严禁用碰撞上、下限位开关自动停车来代替正常驾驶。

（9）施工升降机在正常运行时，严禁把极限开关手柄脱离挡铁，使其失效。

（10）驾驶施工升降机时，必须用手操纵手柄开关或按钮开关，不得用身体其他部位代替手来操纵。严禁利用物品吊在操纵开关上或塞住控制开关，开动施工升降机上下行驶。

（11）施工升降机在运行时，禁止揩拭、清洁、润滑和修理机件。

（12）施工升降机向上行驶至最上层站时，应注意及时停止行驶，以防吊笼冲顶。满载向下行驶至最低层站时，也应注意及时停止行驶，以防吊笼下冲底座。

(13) 施工升降机在行驶中停层时，应注意层站位置，不能将上下限位作为停层开关，不能用打开单行门和双行门来停机。在转换运行方向时，应先把开关放在停止位置，再换反向位置，不能换向太快，以防损坏电气、机械设备。

(14) 在施工升降机运行中或吊笼未停妥前，不可开启单行门和双行门。

(15) 吊笼内应配置灭火器，放置平稳，便于取用。

(16) 如发现施工升降机运行中有异常情况，应立即停机检查。

(17) 司机发现施工升降机在行驶中出现故障时，不得随意对施工升降机进行检修，应及时通知维修人员进行维修。维修时，应协助维修人员工作，不能随便离开工作岗位。

(18) 施工升降机在大雨、大雾和大风（风速超过 20m/s）时，应停止运行，并将吊笼降到地面站台，切断电源。暴风雨后应对施工升降机各安全装置进行一次检查。

(19) 严禁酒后上岗作业，工作时不得与其他人闲谈，严禁听、看与驾驶无关的音像、书报等。

5.3.4　出现异常情况的操作要求

(1) 当施工升降机的吊笼门和防护围栏门关闭后，如吊笼不能正常启动时，应随即将操纵开关复位，防止电动机缺相或制动器失效，而造成电动机损坏。

(2) 在吊笼门和防护围栏门没有关闭情况下，吊笼仍能启动运行，应立即停止使用，进行检修。

(3) 施工升降机在运行中，如果电源突然中断，应使所有操纵开关恢复停止在原始位置。电源恢复后，应检查所有操纵开关位置后，方可重新驾驶。

(4) 吊笼在行驶中或停层时，出现失去控制现象时，应立即按下急停开关，切断控制回路电源，使吊笼停止运行，由专业人员进行检修。

(5) 当施工升降机在运行时，如果发现有异常的噪声、振动和冲击等现象，应立即停止使用，通知维修人员查明原因。

(6) 吊笼在正常载荷下，停层时出现明显下滑现象时，应停用检修。

(7) 当接触到施工升降机的任何金属部件时，如有漏电现象，应立即切断施工升降机的电源进行检修。

(8) 施工升降机在正常运载条件、正常行驶速度下，防坠安全器发生动作而使吊笼制动时，应由专业维修人员及时检修。

(9) 当发现电气零件及接线发出焦热的异味时，施工升降机应立即停止使用，进行检修。

5.3.5 紧急情况的操作要求

在施工升降机使用过程中，有时会发生一些紧急情况，此时司机首先要保持镇静，维持好吊笼内乘员的秩序，采取一些合理有效的应急措施，等待维修人员排除故障，尽可能地避免事故，减少损失。

(1) 吊笼在运行中突然断电

吊笼在运行中突然断电时，司机应立即关闭吊笼内控制箱的电源开关，切断电源。紧急情况下可立即拉下极限开关臂杆切断电源，防止突然来电时发生意外。然后与地面或楼层上有关人员联系，判明断电原因，按照以下方法处置，千万不能图省事，与乘员一起攀爬导轨架、附墙架或防护栏杆等进入楼层，以防坠落造成人身伤害事故。

1) 若短时间停电，可让乘员在吊笼内等待，待接到来电通知后，合上电源开关，经检查机械正常后才可启动吊笼。

2）若停电时间较长且在层站上时，应及时撤离乘员，等待来电；若不在层站上时，应由专业维修人员进行手动下降到最近层站撤离乘员，然后下降到地面等待来电。

3）若因故障造成断电且在层站上时，应及时撤离乘员，等待维修人员检修；若不在层站上时，应由专业维修人员进行手动下降到最近层站撤离乘员，然后下降到地面进行维修。

4）若因电缆扯断而断电，应当关注电缆断头，防止有人触电。若吊笼停在层站上时，应及时撤离乘员，等待维修人员检修；若不在层站上时，应由专业维修人员进行手动下降到最近层站撤离乘员，然后下降到地面进行维修。

（2）吊笼发生失火

当吊笼在运行中途突然遇到电气设备或货物发生燃烧，司机应立即停止施工升降机的运行，及时切断电源，并用随机备用的灭火器来灭火。然后，报告有关部门，抢救受伤人员，撤离所有乘员。

使用灭火器时应注意，在电源未切断之前，应用1211、干粉、二氧化碳等灭火器来灭火；待电源切断后，方可用酸碱、泡沫等灭火器及水来灭火。

（3）发生坠落事故

当施工升降机在运行中发生吊笼坠落事故时，司机应保持镇静，及时稳定乘员的恐惧心理和情绪。同时，应告诉乘员，将脚跟提起，使全身重量由脚尖支持。身体下蹲，并用手扶住吊笼，或抱住头部，以防吊笼因坠落而发生伤亡事故。如吊笼内载有货物，应将货物扶稳，以防倒下伤人。

若安全器动作并把吊笼制停在导轨架上，应及时与地面或楼层上有关人员联系，由专业维修人员登机检查原因。

1）若因货物超载造成坠落，则由维修人员对安全器进行复位，然后由司机合上电源，启动吊笼上升约30～40cm使安全器完全复位，然后让吊笼停在距离最近的层站上，卸去超载的货物后，施工升降机可继续使用。

2）如因机械故障造成坠落，而一时又不能修复的，应在采取安全措施的情况下，有组织地向最近楼层撤离乘员，然后交维修人员修理。

在安全器进行机械复位后，一定要启动吊笼上升一段行程使安全器脱挡，进行完全复位，否则，马上下降吊笼易发生机械故障。另外，在不能及时修复时，撤离乘员的安全措施必须由工地负责制定和实施。

（4）吊笼越程冲顶

所谓吊笼冲顶是指施工升降机在运行过程中吊笼越过上限位、上极限限位，冲击天轮架，甚至击毁天轮架，使吊笼脱离导轨架从高处坠落。

施工升降机使用过程中，若发生吊笼冲顶事故，此时司机一定要镇静应对，防止乘员慌乱而造成更大的事故后果。

1）在吊笼的上限位开关碰到限位挡铁时，该位置的上部导轨架应有1.8m的安全距离，当发现吊笼越程时，司机应及时按下红色急停按钮，让吊笼停止上升；如不起作用，吊笼继续上升，则应立即关闭极限开关，切断控制箱内电源，使吊笼停止上升。用手动下降方法，使吊笼下降，让乘员在最近层站撤离，然后下降吊笼到地面站，交由专业维修人员进行修理。

2）当吊笼冲击天轮架后停住不动，司机应及时切断电源，稳住乘员的情绪，然后与地面或楼层上有关人员联系，等候维修人员上机检查；如施工升降机无重大损坏即可用手动下降方法，使吊笼下降，让乘员在最近层站撤离，然后下降到地面站进行维修。

3）当吊笼冲顶后，仅靠安全钩悬挂在导轨架上，此种情况最危险，司机和乘员一定要镇静，严禁在吊笼内乱动、乱攀爬，以免吊笼翻出导轨架而造成坠落事故。及时向其他人员发出求救信号，等待救援人员施救。救援人员应根据现场情况，尽快采取最安全和有效的应急方案，在有关方面统一指挥下，有序地进行施救。

救援过程中一定要先固定住吊笼，然后撤离人员。救援人员一定要动作轻，尽量保持吊笼的平稳，避免受到过度冲击或振动，使救援工作稳步有序进行。

5.3.6 作业结束后的安全要求

(1) 施工升降机工作完毕后停驶时，司机应将吊笼停靠至地面层站。

(2) 司机应将控制开关置于零位，切断电源开关。

(3) 司机在离开吊笼前应检查一下吊笼内外情况，做好清洁保养工作，熄灯并切断控制电源。

(4) 司机离开吊笼后，应将吊笼门和防护围栏门关闭严实，并上锁。

(5) 切断施工升降机专用电箱电源和开关箱电源。

(6) 如装有空中障碍灯时，夜间应打开障碍灯。

(7) 当班司机要写好交接班记录，进行交接班。

5.4 施工升降机作业过程中的检查

施工升降机在使用过程中，司机可以通过听、看、试等方法及早发现施工升降机的各类故障和隐患，通过及时检修和维护保养，可以避免施工升降机零部件的损坏或损坏程度的扩大，避免事故的发生。

5.4.1 防护围栏及基础的检查

施工升降机作业过程中对防护围栏及基础检查的内容、方法和要求见表 5-2。

防护围栏及基础检查表 **表 5-2**

序号	检查项目	存在的问题	检查方法和要求
1	防护围栏内杂物和建筑垃圾	(1) 防护围栏内常有木条、砖块、短钢筋等杂物； (2) 楼层清理垃圾时大量垃圾堆积在防护围栏内，埋没缓冲弹簧，甚至堆积到吊笼无法停层到位	(1) 每天启动吊笼前检查防护围栏内有无杂物； (2) 在使用过程中经常检查围栏内有无杂物，发现杂物必须及时清理，尤其是较大物件，必须清理后才能使用
2	基础内积水	下雨或施工过程造成积水	(1) 下雨后或施工中，检查基础是否积水，如有积水应及时扫除； (2) 如由于无排水沟造成积水，应及时向有关部门反映设置排水沟等排水系统

5.4.2 吊笼顶部的检查

施工升降机作业过程中对吊笼顶部检查的内容、方法和要求见表 5-3。

吊笼顶部检查表 **表 5-3**

检查项目	存在的问题	检查方法和要求
吊笼顶部杂物和栏杆	吊笼顶部堆积建筑垃圾，安装升节时遗留的零件等；防护栏杆缺少、弯曲变形或固定不可靠等	（1）每天下班前应做好检查和清洁工作，把吊笼停靠地面站后，通过爬梯登上笼顶，清扫顶部，尤其在加节后或顶部有人操作、使用后，应及时做好清扫工作；同时检查拉杆固定是否可靠； （2）每天上班前应检查吊笼顶部的防护栏杆是否缺少、损坏变形，检查栏杆是否固定牢靠

5.4.3 层门与卸料平台的检查

司机在驾驶施工升降机时，要养成随手关闭吊笼层门的良好习惯，经常观察卸料平台及通道围挡的情况，关注层门与吊笼门的间隙距离，防止高空坠落。施工升降机作业过程中对层门与卸料平台检查的内容、方法和要求见表 5-4。

层门与卸料平台检查表 **表 5-4**

序号	检查项目	存在的问题	检查方法和要求
1	层门	层门未关闭，层门外开并进入吊笼运行通道内	（1）在地面观察层楼上有无未关闭的层门，在操纵吊笼运行时观察有无未关闭的层门，一旦发现必须立即设法关闭； （2）在开关层门时观察层门是否会与吊笼运行相干涉，一旦发现必须立即进行整改

续表

序号	检查项目	存在的问题	检查方法和要求
2	卸料平台和防护设施	卸料平台未固定或固定不牢靠，卸料平台防护设施不符合安全要求	(1) 吊笼停层后，乘员和物料通过卸料平台时，观察卸料平台是否有松动、滑移； (2) 发现卸料平台端头搁置过短或未进行固定等现象，应立即进行整改； (3) 吊笼停层后，观察卸料平台临边的防护栏杆是否达到 1.2m 高度并符合安全要求，临边部位是否用密目式安全网或竹笆等进行围挡
3	层门与吊笼的间隙	层门的净宽度大于吊笼进出口宽度 120mm	吊笼停层时用卷尺测量，层门净宽是否大于吊笼门净宽度 120mm。如发现上述情况应及时进行整改

5.4.4 安全装置的检查

施工升降机的安全限位保险装置较多，包括围栏门及吊笼门机械联锁装置，吊笼上、下限位开关，极限开关，防松（断）绳限位开关，安全钩，防坠安全器，紧急制动按钮以及超载保护装置等，其是否灵敏可靠直接关系到施工升降机是否能够安全运行。施工升降机司机应当经常检查或在相关人员配合下检查安全装置是否灵敏、可靠、有效。施工升降机作业过程中对安全保险限位装置检查的内容、方法和要求见表 5-5。

安全装置检查表 **表 5-5**

序号	检查项目	存在的问题	检查方法和要求
1	围栏门及吊笼门机械联锁装置和电器安全开关	无联锁装置、装置失效或损坏	(1) 在地面检查有无机械联锁装置； (2) 把吊笼升至离地面 2m 左右停止起升，检查围栏门的机械联锁装置是否有效地扣着围栏门，如吊笼门也有机械联锁装置，则试图打开吊笼门，检查能否被打开； (3) 地面人员试图打开围栏门，检查门能否被打开； (4) 检查围栏门的电气安全开关是否有效

续表

序号	检查项目	存在的问题	检查方法和要求
2	上、下限位开关	限位开关紧固螺栓松动或脱落，限位开关臂杆弯曲变形及限位开关失效	（1）在吊笼内观察限位开关的臂杆有无弯曲变形； （2）观察限位开关螺栓有无脱落，用手摇动限位开关观察有无松动； （3）启动吊笼，在上升过程中按压上限位臂杆，测试吊笼是否能够停止上升；同样，在下降中测试下限位开关是否有效
3	极限开关	极限开关手柄脱离挡铁位置、极限开关失效或某一方向失效	（1）吊笼停靠地面站或继续下行碰撞下限位开关，吊笼停止运行后观察极限开关手柄是否脱离挡铁位置； （2）启动吊笼，在上升或下降运行中扳动极限开关手柄，看吊笼是否停止运行；同时观察手柄在上、下位置定位是否准确
4	防松（断）绳限位开关	限位开关未接入控制电路、限位开关脱落或松动、限位开关损坏失效	（1）打开顶盖门登上吊笼顶，检查防松（断）绳限位开关有无脱落、松动、倾斜等现象； （2）观察限位开关导线是否接入控制电路； （3）按下限位开关臂杆或触头，检查吊笼运行是否停止
5	安全钩	安全钩松动，安全钩变形、开裂，上安全钩位置高于最低驱动齿轮	（1）在地面站台观察左右两侧的安全钩，有无松动、变形和开裂等现象； （2）从围栏外或另一只吊笼内观察安全钩是否在最低驱动齿轮的下方

续表

序号	检查项目	存在的问题	检查方法和要求
6	防坠安全器	紧固螺孔有裂纹，透气孔向上，安全开关控制线腐蚀，超过标定期限	(1) 在吊笼内观察安全器的紧固螺孔周围有无裂纹； (2) 观察安全器壳体上的透气孔是否向下； (3) 检查安全开关引线的绝缘层上有无油污、绝缘层是否腐朽； (4) 查看安全器壳体上的检测标牌，是否在有效期内
7	紧急制动按钮	控制线接反或未接，按钮失效或损坏	(1) 检查按钮有无损坏，向下按压检查能否顺利按下和自行锁定，然后反向旋转检查能否复位； (2) 在吊笼上升至离地面站 1～2m 左右时按下紧急制动按钮，观察吊笼能否停止运行
8	超载保护装置	误差超过规定要求，未设置	(1) 检查超载保护装置是否已设置，是否对吊笼内载荷及笼顶载荷均有效； (2) 对吊笼进行加载，当载荷达到 90%额定载重量时是否有报警信号，当达到 110%时能否中止吊笼启动

5.4.5 传动机构的检查

施工升降机传动机构主要由电动机、电磁制动器、联轴节、蜗轮减速箱、驱动齿轮等组成，其主要零部件均安装在传动板上。施工升降机作业过程中对传动机构检查的内容、方法和要求见表 5-6。

传动机构检查表　　表 5-6

序号	检查项目	存在的问题	检查方法和要求
1	电动机	(1) 电动机过热； (2) 进线罩壳松动	(1) 用手触摸电动机外壳，估计温度值，如遇过热，尽量加长停机时间； (2) 要求派检修人员检查热继电器是否失效； (3) 检查电动机进线罩有无松动、紧固螺栓有无缺少等，否则，应及时完善
2	电磁制动器	(1) 电磁制动器缺罩壳或罩壳松动； (2) 制动块(片)磨损超标	(1) 检查电磁制动器有无罩壳或罩壳是否固定可靠； (2) 在地面起升吊笼到 1～2m 处停机，检查吊笼有无明显下滑
3	蜗轮减速器	漏油，缺油及过热	(1) 进入吊笼内检查蜗轮减速箱是否有滴油现象，吊笼底板、蜗轮箱壳、电缆上有无油污，如有漏油应及时维修； (2) 检查蜗轮箱壳上的油仓，查看油液是否低于油面线，否则，应及时加注专用蜗轮油； (3) 吊笼运行一段时间后应检查蜗轮箱的发热情况，一般温升不应超过 60℃。如使用不频繁又无长距离运行，而温度很高，应考虑是否缺油或蜗轮副效率降低、失效。前者应及时加油，后者应由机修人员检查维修

5.4.6 齿轮齿条的检查

齿轮齿条式施工升降机靠齿轮齿条的啮合，使吊笼挂在导轨架上，并沿导轨架升降，故齿轮的磨损量和齿轮齿条是否正确啮合是确保安全的重要因素。施工升降机作业过程中对齿轮齿条检查的内容、方法和要求见表5-7。

齿轮齿条检查表 **表5-7**

序号	检查项目	存在的问题	检查方法和要求
1	驱动齿轮	齿形磨损严重	(1) 在防护围栏外、在对面吊笼内或进入吊笼顶部观察驱动齿轮齿形是否变尖； (2) 根据经验：有对重的吊笼在正常使用情况下，一般3～4个月应更换齿轮；无对重的吊笼，一般1～2个月需更换小齿轮； (3) 用公法线千分尺测量齿轮
2	齿轮齿条间杂物	齿轮齿条间常有较硬的建筑垃圾，会加剧齿面的磨损	(1) 每天第一次启动吊笼时，必须检查所有齿轮与齿条间有无杂物； (2) 在使用过程中，应经常检查齿轮齿条间有无杂物，尤其是较长时间停用后更要检查
3	齿轮齿条间的啮合	由于安装时未调试好，使用中吊笼变形、滚轮移位等造成齿轮齿条的啮合过松、过紧或接触面积的变化	观察齿条上润滑油被小齿轮啮合后的印痕，判断啮合情况a为正确，b为中心距过大（过松），c为中心距过小（过紧），d为轴线不平行。中心距过大，吊笼运行时易跳动；中心距过小，吊笼运行时有阻滞现象；轴线不平行，吊笼位置可能会远离导轨架，或吊笼向某一方向倾斜。这些现象都可能造成齿轮和齿条过度磨损，或局部受力后局部磨损，造成齿根裂纹或折断等情况

5.4.7 对重装置的检查

施工升降机的对重装置主要由对重、导向轮、防脱导板和钢丝绳等组成。施工升降机作业过程中对对重装置检查的内容、方法和要求见表5-8。

对重装置检查表 **表5-8**

序号	检查项目	存在的问题	检查方法和要求
1	对重导轨	（1）固定式导轨脱焊；（2）装配式导轨松动；（3）导轨上下对接处阶差超标	在吊笼升降过程中观察导轨有无脱焊、松动，以及导轨上下对接处阶差是否过大。如对重运行时由于导轨阶差过大造成跳动等现象应立即停机整改、维修
2	对重滚轮、防脱导板	（1）滚轮或导向轮缺损、不转动造成局部磨损；（2）防脱导板局部磨损、扭曲变形	（1）吊笼上升至导轨架高度的中部，使对重上部停在吊笼的下半部，在吊笼内检查滚轮或导向轮有无缺损，有无局部严重磨损；检查防脱导板有无扭曲变形和严重磨损的现象；（2）将吊笼下降，使对重的下端部停在吊笼的上半部，在吊笼内检查下滚轮或导向轮是否缺损，有无局部磨损；检查防脱导板有无严重磨损和扭曲变形的现象
3	钢丝绳及钢丝绳	钢丝绳缺油，外部磨损严重，钢丝绳断丝断股，钢丝绳夹正反混扣，绳夹数量不足或不匹配等	（1）将吊笼上升至导轨架高度的中部，使对重上部停在吊笼下部，在吊笼内检查安全弯有无被拉成小弯或拉直，钢丝绳绳夹有无正反混扣；绳夹数量规格是否符合规定；（2）继续上升吊笼，到最上部停靠点，运行中检查钢丝绳有无缺油、外部磨损、断丝断股等现象（该项应有人员配合）；（3）吊笼停靠地面站，使用专用扶梯从顶门进入吊笼顶部，检查连接防松（断）绳保护装置上的钢丝绳、绳夹等有无不安全现象（该项应有人员配合）

5.4.8 电缆及导架的检查

施工升降机作业过程中对电缆及导架检查的内容、方法和要求见表 5-9。

电缆及导架检查表　　表 5-9

序号	检查项目	存在的问题	检查方法和要求
1	电缆	（1）电缆盘落到了储存筒外； （2）电缆绝缘外皮破损； （3）电缆与防护设施干涉	（1）吊笼在升降过程中检查电缆绝缘外皮有无破损，电缆与脚手架等设施是否有干涉； （2）下降过程中经常检查电缆有无盘落在电缆储存筒之外的现象
2	电缆导架	（1）导架变形、移位； （2）导架胶皮缺损； （3）导架安装位置不规范	（1）吊笼升降过程中检查电缆导架有无变形移位，导架胶皮有无缺损； （2）在地面检查电缆导架是否按规定安装： 1）第一只导架离电缆储存筒上口约 1.5m； 2）第二只导架距第一只导架约 3m； 3）第三只导架距第二只导架约 4.5m； 4）从第四只导架开始每只导架距前一只导架 6m

5.4.9 吊笼运行异常检查

发现施工升降机吊笼在运行中出现跳动、晃动等异常现象，应当按照表 5-10 所列内容、方法和要求进行检查。

吊笼运行跳动情况检查表　　表 5-10

序号	检查项目	存在的问题	检查方法和要求
1	吊笼跳动	运行时出现跳动	（1）出现有节奏性的跳动现象，应检查驱动齿轮是否断齿，齿轮齿条是否磨损超标，检查蜗轮轴是否弯曲变形； （2）吊笼运行到某一部位时跳动，应检查以下方面： 1）吊笼所在位置的导轨架的阶差是否超标； 2）对重所在位置的导轨阶差是否超标； 3）齿条对接阶差是否超标； 4）导轨架的标准节对接紧固螺栓是否松动或脱落
2	制动时吊笼下滑	制动时吊笼有下滑现象	检查制动器的制动力矩是否不足，制动块磨损是否超标，如出现上述情况应调整制动力矩或更换制动片（块）
3	运行时吊笼晃动	运行时吊笼左右晃动	检查吊笼滚轮是否松动，滚轮槽内的油脂印痕有无单边受力、磨损等情况，滚轮间隙是否符合要求

5.4.10　运动部件安全距离的检查

施工升降机的运动部件主要包括吊笼、对重、对重钢丝绳和电缆（电缆小车）等，周围一般有脚手架、防护棚、模板和主体结构等，施工升降机与周围的固定设施要保持一定的安全距离。施工升降机作业过程中对运动部件安全距离的内容、方法和要求见表 5-11。

运动部件的安全距离检查表 **表 5-11**

检查项目	存在的问题	检查方法和要求
安全距离	（1）吊笼尤其是驾驶室与脚手架杆件、地面站防护棚的架体的距离小于安全要求； （2）电缆通道与脚手钢管及地面站防护棚的距离过小	（1）在地面台站检查吊笼运行通道内，查看脚手架杆件等是否与吊笼、电缆和对重等运行存在干涉； （2）把吊笼从地面台站上升 2～3m，检查进料口防护棚设施是否会碰擦吊笼、驾驶室、电缆、对重等； （3）在吊笼运行过程中，检查靠近吊笼、电缆、对重运行的部位，检查是否会发生碰擦现象或距离小于安全规定

5.5 施工升降机性能试验

施工升降机的性能试验应具备以下条件：环境温度为－20～＋40℃；现场风速不应大于 13m/s；电源电压值偏差不大于±5％；荷载的质量允许偏差不大于±1％。

5.5.1 空载试验

全行程进行不少于 3 个工作循环的空载试验，每一工作循环的升、降过程中应进行不少于 2 次的制动，其中在半行程应至少进行一次吊笼上升和下降的制动试验，观察有无制动瞬时滑移现象。若滑动距离超过标准，则说明制动器的制动力矩不够，应压紧其电机尾部的制动弹簧。

5.5.2 安装试验

安装试验也就是安装工况不少于 2 个标准节的接高试验。试验时，首先将吊笼升起离地 1m，向吊笼平稳、均布地加载荷至额定安装载重量的 125%，然后切断动力电源，进行静态试验 10min，吊笼不应下滑，也不应出现其他异常现象。如若滑动距离超过标准，则说明制动器的制动力矩不够，应压紧其电机尾部的制动弹簧。有对重的施工升降机，应当在不安装对重的安装工况下进行试验。

5.5.3 额定载荷试验

在吊笼内装入额定载重量，载荷重心位置按吊笼宽度方向均向远离导轨架方向偏六分之一宽度，长度方向均向附墙架方向偏六分之一长度的内偏以及反向偏移六分之一长度的外偏，按所选电动机的工作制，各做全行程连续运行 30min 的试验，每一工作循环的升、降过程应进行不少于一次制动。

额定载重量试验后，应测量减速器和液压系统油的温升。吊笼应运行平稳，启动、制动正常，无异常响声，吊笼停止时，不应出现下滑现象，在中途再次启动上升时，不允许出现瞬时下滑现象。额定载荷试验后，记录减速器油液的温升，蜗轮蜗杆减速器油液温升不得超过 60℃，其他减速器油液温升不得超过 45℃。

双吊笼施工升降机应按左、右吊笼分别进行额定载重量试验。

5.5.4 超载试验

在施工升降机吊笼内均匀布置额定载重量的 125%的载荷，工作行程为全行程，工作循环不应少于 3 个，每一工作循环的升、降过程中应进行不少于一次制动。吊笼应运行平稳，启动、制动正常，无异常响声，吊笼停止时不应出现下滑现象。

5.5.5 坠落试验

首次使用的施工升降机，或转移工地后重新安装的施工升降机，必须在投入使用前进行额定载荷坠落试验。施工升降机投入正常运行后，还需每隔3个月定期进行一次坠落试验。以确保施工升降机的使用安全。坠落试验一般程序如下：

（1）在吊笼中加载额定载重量。

（2）切断地面电源箱的总电源。

（3）将坠落试验按钮盒的电缆插头插入吊笼电气控制箱底部的坠落试验专用插座中。

（4）把试验按钮盒的电缆固定在吊笼上电气控制箱附近，将按钮盒设置在地面。坠落试验时，应确保电缆不会被挤压或卡住。

（5）撤离吊笼内所有人员，关上全部吊笼门和围栏门。

（6）合上地面电源箱中的主电源开关。

（7）按下试验按钮盒标有上升符号的按钮（符号↑），驱动吊笼上升至离地面约3～10m高度。

（8）按下试验按钮盒标有下降符号的按钮（符号↓），并保持按住这按钮。这时，电机制动器松闸，吊笼下坠。当吊笼下坠速度达到临界速度，防坠安全器将动作，把吊笼刹住。

当防坠安全器未能按规定要求动作而刹住吊笼，必须将吊笼上电气控制箱上的坠落试验插头拔下，操纵吊笼下降至地面后，查明防坠安全器不动作的原因，排除故障后，才能再次进行试验，必要时需送生产厂校验。

（9）防坠安全器按要求动作后，驱动吊笼上升至高一层的停靠站。

（10）拆除试验电缆。此时，吊笼应无法启动。因当防坠安全器动作时，其内部的电控开关已动作，以防止吊笼在试验电缆被拆除而防坠安全器尚未按规定要求复位的情况下被启动。

6 施工升降机的维护保养与常见故障排除

6.1 施工升降机的维护保养

在机械设备投入使用后，对设备的检查、清洁、润滑、防腐以及对部件的更换、调试、紧固和位置、间隙的调整等工作，统称为设备的维护保养。

6.1.1 维护保养的意义

为了使施工升降机经常处于完好状态和安全运转状态，避免和消除在运转工作中可能出现的故障，提高施工升降机的使用寿命，必须及时正确地做好维护保养工作。

（1）施工升降机工作状态中，经常遭受风吹雨打、日晒的侵蚀，灰尘、砂土的侵入和沉积，如不及时清除和保养，将会加快机械的锈蚀、磨损，使其寿命缩短。

（2）在机械运转过程中，各工作机构润滑部位的润滑油及润滑脂会自然损耗，如不及时补充，将会加重机械的磨损。

（3）机械经过一段时间的使用后，各运转机件会自然磨损，零部件间的配合间隙会发生变化，如果不及时进行保养和调整，磨损就会加快，甚至导致完全损坏。

（4）机械在运转过程中，如果各工作机构的运转情况不正常，又得不到及时的保养和调整，将会导致工作机构完全损坏，大大降低施工升降机的使用寿命。

6.1.2 维护保养的分类

（1）日常维护保养

日常维护保养，又称为例行保养，是指在设备运行的前、后和运行过程中的保养作业。日常维护保养由设备操作人员进行。

（2）定期维护保养

月度、季度及年度的维护保养，以专业维修人员为主，设备操作人员配合进行。

（3）特殊维护保养

施工机械除日常维护保养和定期维护保养外，在转场、闲置等特殊情况下还需进行维护保养。

1）转场保养。在施工升降机转移到新工地安装使用前，需进行一次全面的维护保养，保证施工升降机状况完好，确保安装、使用安全。

2）闲置保养。施工升降机在停放或封存期内，至少每月进行一次保养，重点是清洁和防腐，由专业维修人员进行。

6.1.3 维护保养的方法

维护保养一般采用“清洁、紧固、调整、润滑、防腐”等方法，通常简称为“十字作业”法。

（1）清洁

所谓清洁，是指对机械各部位的油泥、污垢、尘土等进行清除等工作，目的是为了减少部件的锈蚀、运动零件的磨损、保持良好的散热和为检查提供良好的观察效果等。

（2）紧固

所谓紧固，是指对连接件进行检查紧固等工作。机械运转中产生的振动，容易使连接件松动，如不及时紧固，不仅可能产生漏油、漏电等，有些关键部位的连接松动，轻者导致零件变形，重者会出现零件断裂、分离，甚至导致机械事故。

（3）调整

所谓调整，是指对机械零部件的间隙、行程、角度、压力、松紧、速度等及时进行检查调整，以保证机械的正常运行。尤其是要对制动器、减速机等关键机构进行适当调整，确保其灵活可靠。

（4）润滑

所谓润滑，是指按照规定和要求，选用并定期加注或更换润滑油，以保持机械运动零件间的良好运动，减少零件磨损。

（5）防腐

所谓防腐，是指对机械设备和部件进行防潮、防锈、防酸等处理，防止机械零部件和电气设备被腐蚀损坏。最常见的防腐保养是对机械外表进行补漆或涂上油脂等防腐涂料。

6.1.4 维护保养的安全注意事项

在进行施工升降机的维护保养和维修时，应注意以下事项：

（1）应切断施工升降机的电源，拉下吊笼内的极限开关，防止吊笼被意外启动或发生触电事故。

（2）在维护保养和维修过程中，不得承载无关人员或装载物料，同时悬挂检修停用警示牌，禁止无关人员进入检修区域内。

（3）所用的照明行灯必须采用 36V 以下的安全电压，并检查行灯导线、防护罩，确保照明灯具使用安全。

（4）应设置监护人员，随时注意维修现场的工作状况，防止安全事故发生。

（5）检查基础或吊笼底部时，应首先检查制动器是否可靠，同时切断电动机电源。将吊笼用木方支起等措施，防止吊笼或对重突然下降伤害维修人员。

（6）维护保养和维修人员必须戴安全帽；高处作业时，应穿防滑鞋，系安全带。

（7）维护保养后的施工升降机，应进行试运转，确认一切正常后，方可投入使用。

6.1.5 施工升降机维护保养的内容

（1）日常维护保养的内容和要求

每班开始工作前，应当进行检查和维护保养，包括目测检查和功能测试，有严重情况的应当报告有关人员进行停用、维修，检查和维护保养情况应当及时记入交接班记录。检查一般应包括以下内容：

1）电气系统与安全装置

①检查线路电压是否符合额定值及其偏差范围；

②机件有无漏电；

③限位装置及机械电气联锁装置工作是否正常、灵敏可靠。

2）制动器

检查制动器性能是否良好，能否可靠制动。

3）标牌

检查机器上所有标牌是否清晰、完整。

4）金属结构

①检查施工升降机金属结构的焊接点有无脱焊及开裂；

②附墙架固定是否牢靠；

③停层过道是否平整；

④防护栏杆是否齐全；

⑤各部件连接螺栓有无松动。

5）导向滚轮装置

①检查侧滚轮、背轮、上下滚轮部件的定位螺钉和紧固螺栓有无松动；

②滚轮是否能转动灵活，与导轨的间隙是否符合规定值。

6）对重及其悬挂钢丝绳

①检查对重运行区内有无障碍物，对重导轨及其防护装置是否正常完好；

②钢丝绳有无损坏，其连接点是否牢固可靠。

7）地面防护围栏和吊笼

①检查围栏门和吊笼门是否启闭自如；

②通道区有无其他杂物堆放；

③吊笼运行区间有无障碍物，笼内是否保持清洁。

8）电缆和电缆引导器

①检查电缆是否完好无破损；

②电缆引导器是否可靠有效。

9）传动、变速机构

①检查各传动、变速机构有无异响；

②蜗轮箱油位是否正常，有无渗漏现象。

10）润滑系统有无泄漏

检查润滑系统有无漏油、渗油现象。

（2）月度维护保养的内容和要求

月度维护保养除按日常维护保养的内容和要求进行外，还要按照以下内容和要求进行。

1）导向滚轮装置

检查滚轮轴支承架紧固螺栓是否可靠紧固。

2）对重及其悬挂钢丝绳

①检查对重导向滚轮的紧固情况是否良好；

②天轮装置工作是否正常可靠；

③钢丝绳有无严重磨损和断丝。

3）电缆和电缆导向装置

①检查电缆支承臂和电缆导向装置之间的相对位置是否正确；

②导向装置弹簧功能是否正常；

③电缆有无扭曲、破坏。

4）传动、减速机构

①检查机械传动装置安装紧固螺栓有无松动，特别是提升齿轮副的紧固螺钉有否松动；

②电动机散热片是否清洁，散热功能是否良好；

③减速器箱内油位有否降低。

5）制动器

检查试验制动器的制动力矩是否符合要求。

6）电气系统与安全装置

①检查吊笼门与围栏门的电气机械联锁装置，上、下限位装置，吊笼单行门、双行门联锁等装置性能是否良好；

②导轨架上的限位挡铁位置是否正确。

7）金属结构

①重点查看导轨架标准节之间的连接螺栓是否牢固；

②附墙结构是否稳固，螺栓有无松动，表面防护是否良好，有无脱漆和锈蚀，构架有无变形。

（3）季度维护保养的内容和要求

季度维护保养除按月度维护保养的内容和要求进行外，还要按照以下内容和要求进行。

1）导向滚轮装置

①检查导向滚轮的磨损情况；

②确认滚珠轴承是否良好，是否有严重磨损，调整与导轨之间的间隙。

2）检查齿条及齿轮的磨损情况

①检查提升齿轮副的磨损情况，检测其磨损量是否大于规定的最大允许值；

②用塞尺检查蜗轮减速器的蜗轮磨损情况，检测其磨损量是否大于规定的最大允许值。

3）电气系统与安全装置

在额定负载下进行坠落试验，检测防坠安全器的性能是否可靠。

(4) 年度维护保养的内容和要求

年度维护保养应全面检查各零部件，除按季度维护保养的内容和要求进行外，还要按照以下内容和要求进行。

1）传动、减速机构

检查驱动电机和蜗轮减速器、联轴器结合是否良好，传动是否安全可靠。

2）对重及其悬挂钢丝绳

检查悬挂对重的天轮装置是否牢固可靠，天轮轴承磨损程度，必要时应予调换轴承。

3）电气系统与安全装置

复核防坠安全器的出厂日期，对超过标定年限的，应通过具有相应资质检测机构进行重新标定，合格后方可使用。此外，在进入新的施工现场使用前应按规定进行坠落试验。

6.1.6 主要零部件的维护保养

(1) 零部件磨损的测量

以某型号施工升降机为例，说明滚轮、齿条等零部件磨损程度的测量方法。

1）滚轮的磨损极限

①测量方法：用游标卡尺测量，如图 6-1 所示。

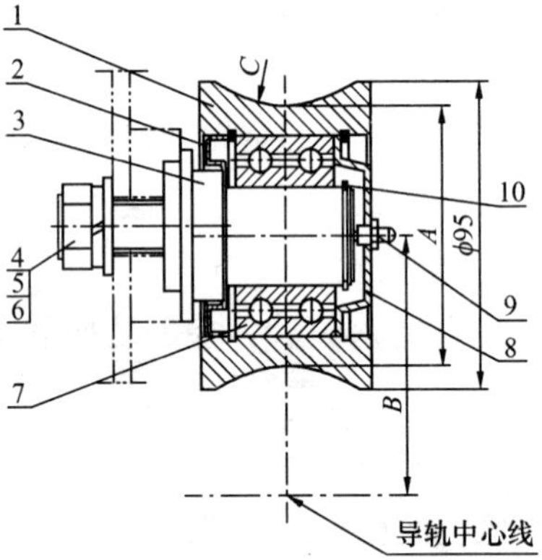

图 6-1　滚轮磨损量的测量

1—滚轮；2—油封；3—滚轮轴；4—螺栓；5—垫圈；6—垫圈；7—轴承；8—端盖；9—油杯；10—挡圈

A—滚轮直径；*B*—滚轮与导轨架主弦杆的中心距；*C*—导轮凹面弧度半径

②滚轮的极限磨损量要求见表 6-1。

滚轮的极限磨损量　　　　**表 6-1**

测量尺寸	新滚轮（mm）	磨损的滚轮（mm）
A	$\phi 80$	最小 $\phi 78$
B	79±3	最小 76
C	*R*40	最大 *R*42

2）齿轮的磨损极限

齿轮的磨损极限的测量可用公法线千分尺跨二齿测公法线长度，如图 6-2（*a*）所示。当新齿轮相邻齿公法线长度 $L=$

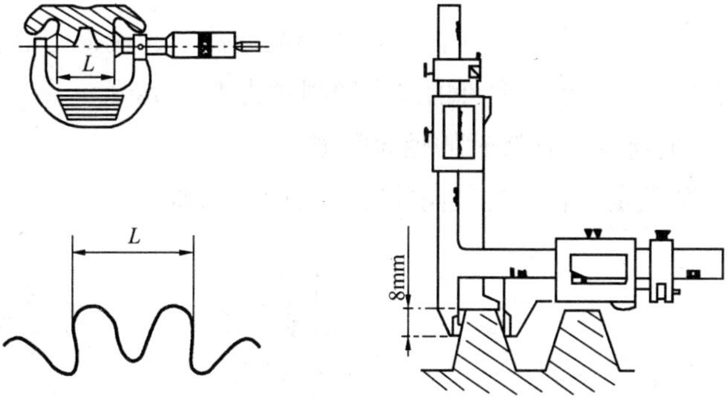

图 6-2　齿轮齿条的磨损测量

(a) 齿轮的磨损测量；(b) 齿条的磨损测量

37.1mm 时，磨损后相邻齿公法线长度 $L \geqslant 35.8$mm。

3）齿条的磨损极限

齿条的磨损极限量可用游标卡尺测量，如图 6-2（b）所示。当新齿条齿宽为 12.566mm 时，磨损后齿宽不小于 11.6mm。

4）背轮的磨损极限

背轮的磨损极限量可用游标卡尺测量背轮外圈的方法确定。当新背轮外圈直径为 124mm 时，磨损后不得小于 120mm。

5）电动机旋转制动盘的磨损极限

电动机旋转制动盘磨损极限量可用塞尺进行测量，如图 6-3 所示。当旋转制动盘摩擦材料单面厚度 a 磨损到接近 1mm 时，必须更换制动盘。

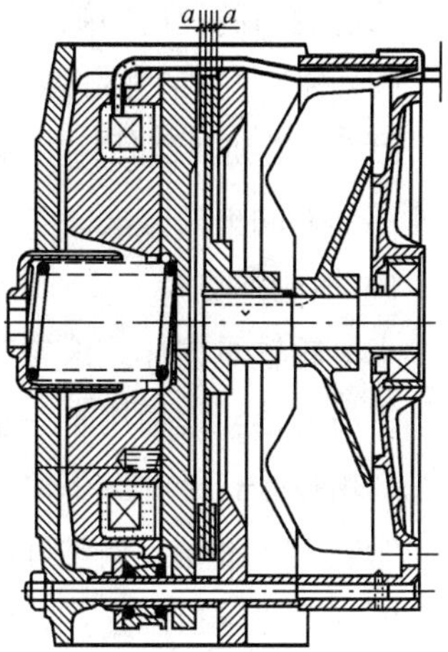

图 6-3　电动机旋转制动盘磨损量的测量

6）减速器蜗轮的磨损极限

减速器蜗轮的磨损极限量可通过减速器上的检查孔用塞尺测量，如图 6-4 所示。允许的最大磨损量为 L＝1mm。

7）防坠安全器转轴的径向间隙

防坠安全器转轴的径向间隙的测量，如图 6-5 所示。

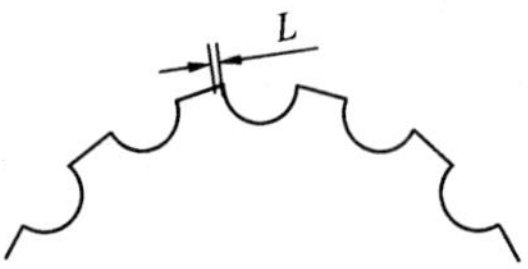

图 6-4　蜗轮磨损量的测量

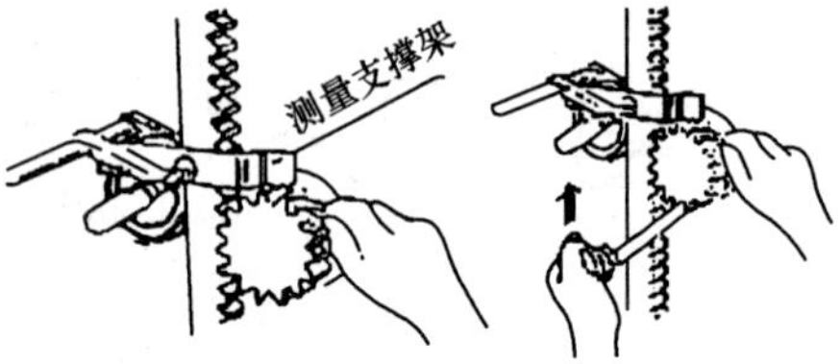

图 6-5　防坠安全器转轴的径向间隙测量

①用C形夹具将测量支架紧固在安全器的齿轮上方约 1.0mm 处；

②利用塞尺测量齿顶与支架下沿的间隙；

③用杠杆提升齿轮，然后再次测量此间隙；

④以上测得的二间隙值之差即为安全器转轴的径向间隙；

⑤若测得的径向间隙大于 0.3mm 时，则应更换安全器。

（2）SC 型施工升降机零部件的维护保养

以 SC 系列某型号施工升降机的零部件为例，说明滚轮、齿条等零部件的更换方法。

1）滚轮的更换

当滚轮轴承损坏或滚轮磨损超差时必须更换。

①吊笼落至地面用木块垫稳。

②用扳手松开并取下滚轮连接螺栓，取下滚轮。

③装上新滚轮，调整好滚轮与导轨之间的间隙，使用扭力扳手紧固好滚轮连接螺栓，拧紧力矩应达到 200N・m。

2）背轮的更换

当背轮轴承损坏或背轮外圈磨损超差时，必须进行更换。

①将吊笼降至地面用木块垫稳。

②将背轮连接螺栓松开，取下背轮。

③装上新背轮并调整好齿条与齿轮的啮合间隙，使用扭力扳手紧固好背轮连接螺栓，拧紧力矩 300N·m。

3）减速器驱动齿轮的更换

当减速器驱动齿轮齿形磨损达到极限时，必须进行更换，方法如图 6-6 所示。

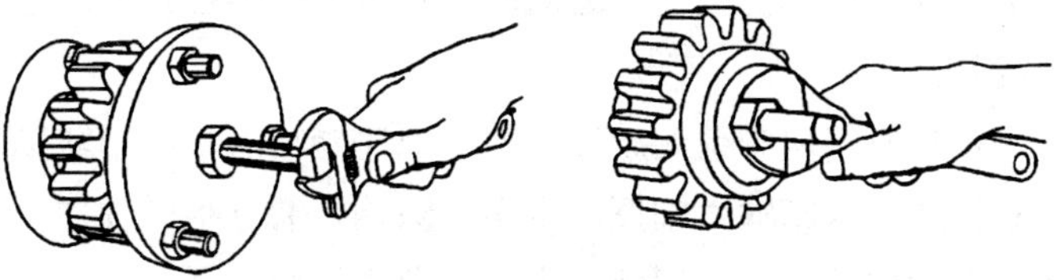

图 6-6　更换减速器驱动齿轮

①将吊笼降至地面用木块垫稳。

②拆掉电机接线，松开电动机制动器，拆下背轮。

③松开驱动板连接螺栓，将驱动板从驱动架上取下。

④拆下减速机驱动齿轮外轴端圆螺母及锁片，拔出小齿轮。

⑤将轴径表面擦洗干净并涂上黄油。

⑥将新齿轮装到轴上，上好圆螺母及锁片。

⑦将驱动板重新装回驱动架上，穿好连接螺栓（先不要拧紧）并安装好背轮。

⑧调整好齿轮啮合间隙，使用扭力扳手将背轮连接螺栓、驱动板连接螺栓拧紧，拧紧力矩应分别达到 300N·m 和 200N·m。

⑨恢复电机制动并接好电机及制动器接线。

⑩通电试运行。

4）减速器的更换

当吊笼在运行过程中减速机出现异常发热、漏油、梅花形弹性橡胶块损坏等情况而使机器出现振动或减速机由于吊笼撞底而使齿轮轴发生弯曲等故障时，须对减速机或其零部件进行更换，步骤如下：

①将吊笼落至底地面用木块垫稳。

②拆掉电动机线，松开电动机制动器，拆下背轮。松开驱动板连接螺栓，将驱动板从驱动架上取下。

③取下电动机箍，松开减速器与驱动板间的连接螺栓，取下驱动单元。

④松开电动机与减速器之间的法兰盘连接螺栓，将减速器与电动机分开。

⑤将减速箱内剩余油放掉，取下减速器输入轴的半联轴器。

⑥将新减速箱输入轴擦洗干净并涂油，装好半联轴器。如联轴器装入时较紧，切勿用锤重击，以免损坏减速器。

⑦将新减速箱与电动机联好，正确装配橡胶缓冲块，拧好连接螺栓。

⑧将新驱动单元装在驱动板，用螺栓紧固，装好电动机箍。

⑨安装驱动板，用 200N・m 力矩拧紧驱动板连接螺栓，安装背轮，用 300N・m 力矩拧紧背轮连接螺栓。

⑩重新调整好齿轮与齿条之间的啮合间隙，给电动机重新接线。

⑪恢复电动机制动，接电试运行。

5）齿条的更换

当齿轮损坏或已达到磨损极限时应予以更换，步骤如下：

①松开齿条连接螺栓，拆卸磨损或损坏了的齿条，必要时允许用气割等工艺手段拆除齿条及其固定螺栓，清洁导轨架上的齿条安装螺孔，并用特制液体涂定液做标记。

②按标定位置安装新齿条，其位置偏差、齿条距离导轨架立柱管中心线的尺寸，如图 6-7 所示。螺栓预紧力为 200N・m。

6）防坠安全器的更换

防坠安全器达到报废标准的应更换，更换步骤如下：

①拆下安全器下部开关罩，拆下微动开关接线。

②松开安全器与驱动板之间的连接螺栓，取下安全器。

③装上新安全器，用200N·m力矩拧紧连接螺栓，调整安全器齿轮与齿条之间的啮合间隙。

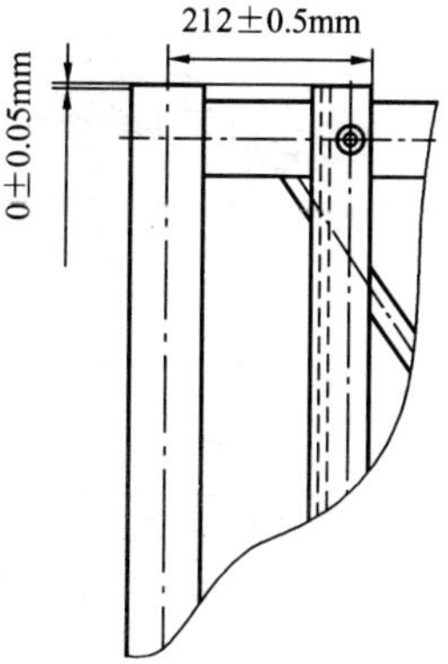

图 6-7　齿条安装位置偏差

④接好微动开关线，装上开关罩。

⑤进行坠落实验，检查安全器的制动情况。

⑥按安全器复位说明进行复位。

⑦润滑安全器。

（3）SS型施工升降机零部件的维护保养

1）断绳保护和安全停靠装置制动块的更换

对SS型施工升降机楔块式保护装置来讲，当长时间使用施工升降机后，断绳保护和安全停靠装置的制动块会磨损，当制动块磨损不很严重时，可不更换制动块，直接调节弹簧的预紧力，使制动状态时制动块制动灵敏，非制动状态时两制动块离开导轨。图6-8所示为防断绳保护装置示意图。

当制动块磨损严重时，应当将断绳保护和安全停靠装置从吊笼上拆下，更换制动块，更换方法和步骤如下：

①将钢丝绳楔形接头的销轴拔出，卸下防坠连接架8的连接螺栓，将断绳保护和安全停靠装置从吊笼托架上取下。

②将内六角螺栓7松开取下，卸下旧制动块，更换上新的制动块，然后将更换好制动块的保护器再安装在吊笼托架。

③调整制动滑块弹簧6的预紧力。通过旋动调节螺栓5，使

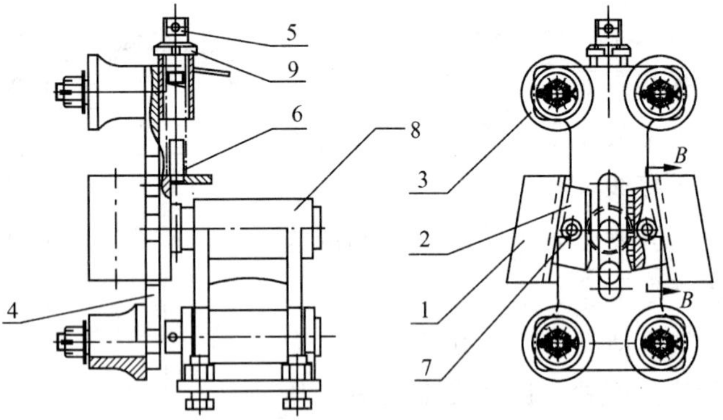

图 6-8　防断绳保护装置示意图

1—托架；2—制动滑块；3—导轮；4—导轮架；5—调节螺栓；
6—压缩弹簧；7—内六角螺栓；8—防坠器连接架；9—圆螺母

制动滑块既不与导轨碰擦卡阻，又要使停层制动和断绳制动灵敏正常。

④在制动块的滑槽内加入适量的油脂，起到润滑和防锈作用。

⑤清洁制动滑块的齿槽摩擦面。

2）闸瓦制动器的维护保养

闸瓦（块式）电磁制动器是施工升降机中最常用制动器，如图 6-9 所示。当制动闸瓦磨损过甚而使铆钉露头，或闸瓦磨损量超过原厚度 1/3 时，应及时更换；制动器芯轴磨损量超过标准直径 5％和椭圆度超过 0.5mm 时，应更换芯轴；杆系弯曲时应校直，有裂纹时应更换，弹簧弹力不足或有裂纹时应更换；各铰链处有卡滞及磨损现象应及时调整和更换，各处紧固螺钉松动时及时紧固；制动臂与制动块的连接松紧度不符合要求时，应及时调整。

闸瓦制动器的维修与保养主要是调整电磁铁冲程、调节主弹

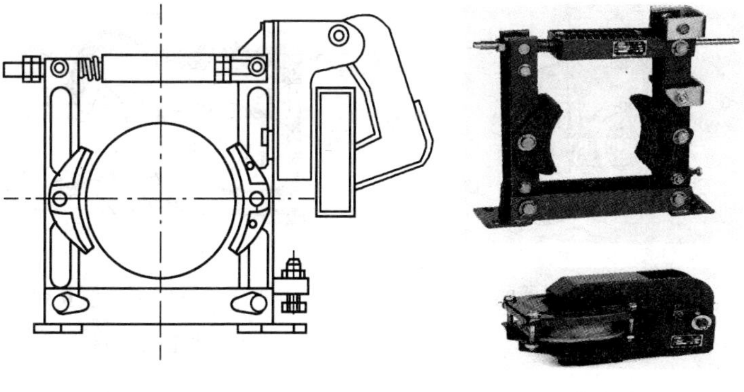

(a)　　　　　　　　　　　　(b)

图 6-9　电磁推杆瓦块式制动器

(a) 制动器示意图；(b) 制动器与衔铁图片

簧长度、调整瓦块与制动轮间隙等，一般可按如下步骤进行：

①调整电磁铁冲程，如图 6-10 所示。先用扳手旋松锁紧的小螺母，然后用扳手夹紧螺母，用另一扳手转动推杆的方头，使推杆前进或后退。前进时顶起衔铁，冲程增大；后退时衔铁下落，冲程减小。

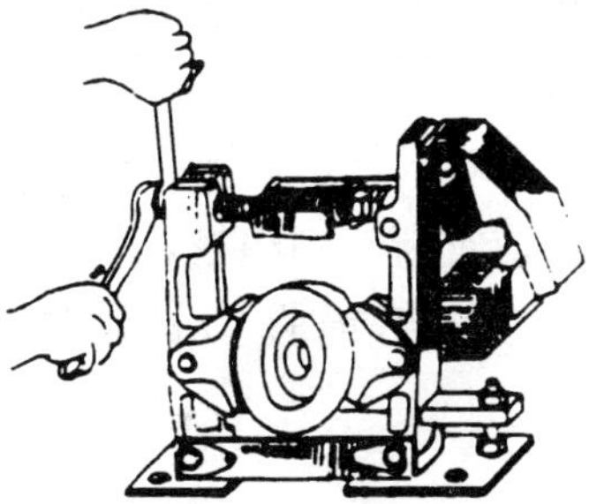

图 6-10　电磁制动器的冲程调节

②调节主弹簧长度，如图 6-11 所示。先用扳手夹紧推杆的外端方头和旋松螺母的锁紧螺母，然后旋松或夹住调整螺母，转动推杆的方头，因螺母的轴向移动改变了主弹簧的工作长度，随着弹簧的伸长或缩短，制动力矩随之减小或增大，调整完毕后，把右面锁紧螺母旋回锁紧，以防松动。

③调整瓦块与制动轮间隙，如图 6-12 所示。把衔铁推压在

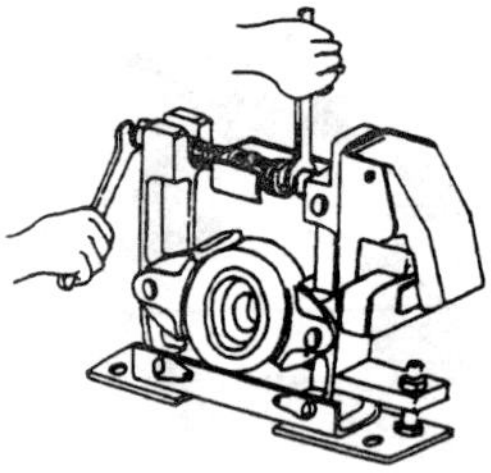

图 6-11　电磁制动器的制动力矩调节

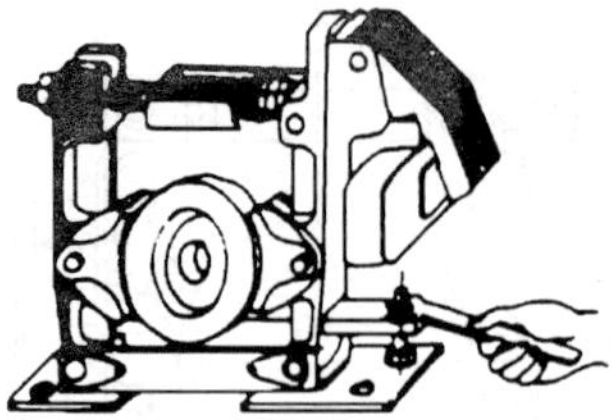

图 6-12　电磁制动器瓦块与制动轮间隙调节

铁芯上，使制动器松开，然后调整背帽螺母，使左右瓦块制动轮间隙相等。

3）曳引机曳引轮的维护保养

①应保证曳引轮绳槽的清洁，不允许在绳槽中加油润滑。

②当发现绳槽间的磨损深度差距最大达到曳引绳直径 d_0 的 1/10 以上时，要修理车削至深度一致，或更换轮缘，如图 6-13 所示。

③对于带切口半圆槽，当绳槽磨损至切口深度小于 2mm 时，应重新车削绳槽，但经修理车削后切口下面的轮缘厚度应大于曳引绳直径 d_0，如图 6-14 所示，否则，应当进行更换。

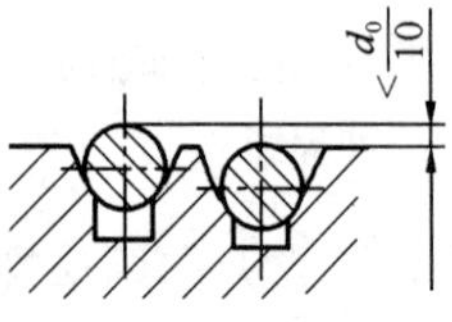

图 6-13　绳槽磨损差

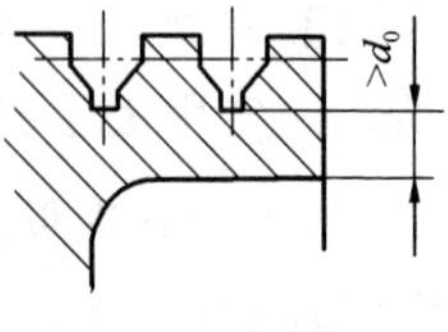

图 6-14　最小轮缘厚度

（4）减速器的维护保养

①箱体内的油量应保持在油针或油镜的标定范围，油的规格

应符合要求。

②润滑部位，应按产品说明书规定进行润滑。

③应保证箱体内润滑油的清洁，当发现杂质明显时，应换新油。对新使用的减速机，在使用一周后，应清洗减速机并更换新油液；以后应每年清洗和更换新油。

④轴承的温升不应高于 60℃；箱体内的油液温升不超过 60℃，否则，应停机检查原因。

⑤当轴承在工作中出现撞击、摩擦等异常噪声，并通过调整也无法排除时，应考虑更换轴承。

（5）电动机的维护保养

①应保证电动机各部分的清洁，不应让水或油浸入电动机内部。应经常吹净电动机内部和换向器、电刷等部分的灰尘。

②对使用滑动轴承的电动机，应注意油槽内的油量是否达到油线，同时应保持油的清洁。

③当电动机转子轴承磨损过大，出现电动机运转不平稳，噪声增大时，应更换轴承。

6.1.7 施工升降机的润滑

施工升降机在新机安装后，应当按照产品说明书要求进行润滑，说明书没有明确规定的，使用满 40h 应清洗并更换蜗轮减速箱内的润滑油，以后每隔半年更换一次。蜗轮减速箱的润滑油应按照铭牌上的标注进行润滑。对于其他零部件的润滑，当生产厂无特殊要求时，可参照以下说明进行：

1）SC 型施工升降机主要零部件的润滑周期、部位和润滑方法，见表 6-2。

2）SS 型施工升降机主要零部件的的润滑周期、部位和润滑方法，见表 6-3。

SC型施工升降机润滑表 **表6-2**

周期	润滑部位	润　滑　剂	润滑方法
每月	减速箱	N320蜗轮润滑油	检查油位，不足时加注
	齿条	2号钙基润滑脂	上润滑脂时升降机降下并停止使用2～3h，使润滑脂凝结
	安全器	2号钙基润滑脂	油嘴加注
	对重绳轮	钙基脂	加注
	导轨架导轨	钙基脂	刷涂
	门滑道、门对重滑道	钙基脂	刷涂
	对重导向轮、滑道	钙基脂	刷涂
	滚轮	2号钙基润滑脂	油嘴加注
	背轮	2号钙基润滑脂	油嘴加注
	门导轮	20号齿轮油	滴注
每季度	电机制动器锥套	20号齿轮油	滴注，切勿滴到摩擦盘上
	钢丝绳	沥青润滑脂	刷涂
	天轮	钙基脂	油嘴加注
每年	减速箱	N320蜗轮润滑油	清洗、换油

SS型施工升降机润滑表 **表6-3**

周期	润滑部位	润　滑　剂	润滑方法
每周	滚轮	润滑脂	涂抹
	导轨架导轨	润滑脂	涂抹
每月	减速箱	30号机油（夏季） 20号机油（冬季）	检查油位，不足时加注
	轴承	ZC-4润滑脂	加注
	钢丝绳	润滑脂	涂抹
每年	减速箱	30号机油（夏季） 20号机油（冬季）	清洗，更换
	轴承	ZC-4润滑脂	清洗，更换

6.2 施工升降机常见故障和排除方法

施工升降机在使用过程中发生故障的原因很多，主要是因为工作环境恶劣，维护保养不及时，操作人员违章作业，零部件的自然磨损等多方面原因。施工升降机发生异常时，操作人员应立即停止作业，及时向有关部门报告，以便及时处理，消除隐患，恢复正常工作。

施工升降机常见的故障一般分为电气故障和机械故障两大类。

6.2.1 施工升降机电气故障的查找和排除

由于电气线路、元器件、电气设备，以及电源系统等发生故障，造成用电系统不能正常运行，统称为电气故障。

(1) 电气故障的查找基本程序

电气故障相对来说比较多，有的故障比较直观，容易判断，有的故障比较隐蔽，难以判断。维修人员在对施工升降机进行检查维修时，一般应当遵循以下基本程序，以便于尽快查找故障，确保检修人员安全。

1) 在诊断电气系统故障前，维修人员应当认真熟悉电气原理图，了解电气元器件的结构与功能。

2) 熟悉电气原理图后，应当对以下事项进行确认：

①确认吊笼处于停机状态，但控制电路未被断开。

②确认防坠安全器微动开关、吊笼门开关、围栏门开关等安全装置的触头处于闭合状态。

③确认紧急停机按钮及停机开关和加节转换开关未被按下。

④确认上、下限位开关完好，动作无误。

3）确认地面电源箱内主开关闭合，箱内主接触已经接通。

4）检查输出电缆并确认已通电，确认从配电箱至施工升降机电气控制箱电缆完好。

5）确认吊笼内电气控制箱电源被接通。

6）将电压表连接在零位端子和电气原理图上所标明的端子之间，检查需通电的部位应确认已有电，分端子逐步测试，以排除法找到故障位置。

7）检查操纵按钮和控制装置发出的“上”、“下”指令（电压），确认已被正确地送到电气控制箱。

8）试运行吊笼，确保上、下运行主接触器的电磁线圈通电启动，确认制动接触器被启动，制动器动作。

在上述过程中查找存在的问题和故障。针对照明等其他辅助电路时，也可按上述程序进行故障检查。

（2）施工升降机常见电气故障及排除方法

1）SC 型施工升降机常见电气故障现象、故障原因及排除方法见表 6-4。

SC 型施工升降机常见电气系统故障及排除方法　　表 6-4

序号	故障现象	故障原因	故障诊断与排除
1	总电源开关合闸即跳	电路内部损伤、短路或相线对地短接	找出电路短路或接地的位置，修复或更换
2	断路器跳闸	（1）电缆、限位开关损坏 （2）电路短路或对地短接	更换损坏电缆、限位开关
3	施工升降机突然停机或不能启动	（1）停机电路及限位开关被启动 （2）断路器启动	（1）释放“紧急按钮” （2）恢复热继电器功能 （3）恢复其他安全装置

续表

序号	故障现象	故障原因	故障诊断与排除
4	启动后吊笼不运行	联锁电路开路（参见电气原理图）	（1）关闭门或释放“紧急按钮” （2）查200V联锁控制电路
5	电源正常，主接触器不吸合	（1）有个别限位开关没复位 （2）相序接错 （3）元件损坏或线路开路断路	（1）复位限位开关 （2）相序重新连接 （3）更换元件或修复线路
6	电机启动困难，并有异常响声	（1）电机制动器未打开或无直流电压（整流元件损坏） （2）严重超载 （3）供电电压远低于360V	（1）恢复制动器功能（调整工作间隙）或恢复直流电压（更换整流元件） （2）减少吊笼载荷 （3）待供电电压恢复至380V再工作
7	运行时，上、下限位开关失灵	（1）上、下限位开关损坏 （2）上、下限位碰块移位	（1）更换上、下限位开关 （2）恢复上、下限位碰块位置
8	操作时，动作不稳定	（1）线路接触不好或端子接线松动 （2）接触器粘连或复位受阻	（1）恢复线路接触性能，紧固端子接线 （2）修复或更换接触器
9	吊笼停机后，可重新启动，但随后再次停机	（1）控制装置（按钮、手柄）接触不良 （2）门限位开关与挡板错位	（1）修复或更换控制装置（按钮、手柄） （2）恢复门限位开关挡板位置

续表

序号	故障现象	故障原因	故障诊断与排除
10	吊笼上、下运行时有自停现象	(1) 上、下限位开关接触不良或损坏 (2) 严重超载 (3) 控制装置（按钮、手柄）接触不良或损坏	(1) 修复或更换上、下限位开关 (2) 减少吊笼载荷 (3) 修复或更换控制装置（按钮、手柄）
11	接触器易烧毁	供电电源压降太大，启动电流过大	(1) 缩短供电电源与施工升降机的距离 (2) 加大供电电缆截面
12	电机过热	(1) 制动器工作不同步 (2) 长时间超载运行 (3) 启、制动过于频繁 (4) 供电电压过低	(1) 调整或更换制动器 (2) 减少吊笼载荷 (3) 对运行适当调整 (4) 调整供电电压

2）SS型施工升降机常见电气系统故障现象、故障原因及排除方法见表6-5。

SS型施工升降机常见电气系统故障及排除方法　　表6-5

序号	故障现象	故障原因	故障诊断与排除
1	总电源合闸即跳	电路内部损伤，短路或相线接地	查明原因，修复线路
2	电压正常，但主交流接触器不吸合	(1) 限位开关未复位 (2) 相序接错 (3) 电气元件损坏或线路开路断路	(1) 限位开关复位 (2) 正确接线 (3) 更换电气元件或修复线路
3	操作按钮置于上、下运行位置，但交流接触器不动作	(1) 限位开关未复位 (2) 操作按钮线路断路	(1) 限位开关复位 (2) 修复操作按钮线路

续表

序号	故障现象	故障原因	故障诊断与排除
4	电机启动困难，并有异常响声	(1) 电机制动器未打开或无直流电压（整流元件损坏） (2) 严重超载 (3) 供电电压远低于360V	(1) 恢复制动器功能（调整工作间隙）或恢复直流电压（更换整流元件） (2) 减少吊笼荷载 (3) 待供电电压恢复至380V时再工作
5	上下限位开关不起作用	(1) 上、下限位损坏 (2) 限位架和限位碰块移位 (3) 交流接触器触点粘连	(1) 更换限位 (2) 恢复限位架和限位位置 (3) 修复或更换接触器
6	电路正常，但操作时有时动作正常，有时动作不正常	(1) 线路接触不好或虚接 (2) 制动器未彻底分离	(1) 修复线路 (2) 调整制动器间隙
7	吊笼不能正常起升	(1) 供电电压低于380V或供电阻抗过大 (2) 超载或超高	(1) 暂停作业，恢复供电电压至380V (2) 减少吊笼荷载，下降吊笼
8	制动器失效	电气线路损坏	修复电气线路
9	制动器制动臂不能张开	(1) 电源电压低或电气线路出现故障 (2) 衔铁之间连接定位件损坏或位置变化，造成衔铁运动受阻，推不开制动弹簧 (3) 电磁衔铁铁芯之间间隙过大，造成吸力不足 (4) 电磁衔铁铁芯之间间隙过小，造成衔铁与铁芯的撞击、损坏部件	(1) 恢复供电电压至380V，修复电气线路 (2) 调整电磁衔铁铁芯之间间隙
10	制动器电磁铁合闸时间迟缓	(1) 继电器常开触点有粘连现象 (2) 卷扬机制动器没有调好	(1) 更换触点 (2) 调整制动器

3）变频器常见故障及排除方法

当发生故障时，变频器故障保护继电器动作，变频器检测出故障事项，并在数字操作器上显示该故障内容，可根据产品使用说明书对照相应内容和处置方法进行检查维修。

6.2.2 施工升降机常见机械故障及排除方法

由于机械零部件磨损、变形、断裂、卡塞、润滑不良以及相对位置不正确等而造成机械系统不能正常运行，统称为机械故障。机械故障一般比较明显、直观，容易判断。

(1) SC型施工升降机常见机械故障现象、故障原因及排除方法见表6-6。

SC型施工升降机常见机械故障及排除方法　　表6-6

序号	故障现象	原因所在	故障诊断与解决
1	吊笼运行时振动过大	(1) 导向滚轮联结螺栓松动 (2) 齿轮、齿条啮合间隙过大或缺少润滑 (3) 导向滚轮与背轮间隙过大	(1) 紧固导向滚轮螺栓 (2) 调整齿轮、齿条啮合间隙或添注润滑油（脂） (3) 调整导向滚轮与背轮的间隙
2	吊笼启动或停止运行时有跳动	(1) 电机制动力矩过大 (2) 电机与减速箱联轴节内橡胶块损坏	(1) 重新调整电机制动力矩 (2) 更换联轴节内橡胶块
3	吊笼运行时有电机跳动现象	(1) 电机固定装置松动 (2) 电机橡胶垫损坏或失落 (3) 减速箱与传动板连接螺栓松动	(1) 紧固电机固定装置 (2) 更换电机橡胶垫 (3) 紧固减速箱与传动板连接螺栓

续表

序号	故障现象	原因所在	故障诊断与解决
4	吊笼运行时有跳动现象	(1) 导轨架对接阶差过大 (2) 齿条螺栓松动，对接阶差过大 (3) 齿轮严重磨损	(1) 调整导轨架对接 (2) 紧固齿条螺栓，调整对接阶差 (3) 更换齿轮
5	吊笼运行时有摆动现象	(1) 导向滚轮连接螺栓松动 (2) 支撑板螺栓松动	(1) 紧固导向滚轮连接螺栓 (2) 紧固支撑板螺栓
6	吊笼启、制动时振动过大	(1) 电机制动力矩过大 (2) 齿轮、齿条啮合间隙不当	(1) 调整电机制动力矩 (2) 调整齿轮、齿条啮合间隙
7	制动块磨损过快	制动器止退轴承内润滑不良，不能同步工作	润滑或更换轴承
8	制动器噪声过大	(1) 制动器止退轴承损坏 (2) 制动器转动盘摆动	(1) 更换制动器止退轴承 (2) 调整或更换制动器转动盘
9	减速箱蜗轮磨损过快	(1) 润滑油品型号不正确或未按时更换 (2) 蜗轮、蜗杆中心距偏移	(1) 更换润滑油品 (2) 调整蜗轮、蜗杆中心距

(2) SS型施工升降机常见机械故障现象、故障原因及排除方法见表6-7。

SS型施工升降机常见机械故障及排除方法　　表6-7

序号	故障现象	故障原因	故障诊断与排除
1	上下限位开关不起作用	(1) 上、下限位开关损坏 (2) 限位架和限位碰块移位	(1) 更换限位开关 (2) 恢复限位架和限位位置

续表

序号	故障现象	故障原因	故障诊断与排除
2	吊笼不能正常起升	(1) 冬季减速箱润滑油太稠太多 (2) 制动器未彻底分离 (3) 超载或超高 (4) 停靠装置插销伸出挂在架体上	(1) 更换润滑油 (2) 调整制动器间隙 (3) 减少吊笼载荷，下降吊笼 (4) 恢复插销位置
3	吊笼不能正常下降	(1) 断绳保护装置误动作 (2) 摩擦副损坏	(1) 修复断绳保护装置 (2) 更换摩擦副
4	制动器失效	(1) 制动器各运动部件调整不到位 (2) 机构损坏，使运动受阻 (3) 制动衬料或制动轮磨损严重，制动衬料或制动块连接铆钉露头	(1) 修复或更换制动器 (2) 更换制动衬料或制动轮
5	制动器制动力矩不足	(1) 制动衬料和制动轮之间有油垢 (2) 制动弹簧过松 (3) 活动铰链处有卡滞地方或有磨损过甚的零件 (4) 锁紧螺母松动，引起调整用的横杆松脱 (5) 制动衬料与制动轮之间的间隙过大	(1) 清理油垢 (2) 更换弹簧 (3) 更换失效零件 (4) 紧固锁紧螺母 (5) 调整制动衬料与制动轮之间的间隙
6	制动器制动轮温度过高，制动块冒烟	(1) 制动轮径向跳动严重超差 (2) 制动弹簧过紧，电磁松闸器存在故障而不能松闸或松闸不到位 (3) 制动器机件磨损，造成制动衬料与制动轮之间位置错误 (4) 铰链卡死	(1) 修复制动轮与轴的配合 (2) 调整松紧螺母 (3) 更换制动器机件 (4) 修复

续表

序号	故障现象	故障原因	故障诊断与排除
7	制动器制动臂不能张开	(1) 制动弹簧过紧，造成制动力矩过大 (2) 制动块和制动轮之间有污垢而形成粘边现象	(1) 调整松紧螺母 (2) 清理污垢
8	吊笼停靠时有下滑现象	(1) 卷扬机制动器摩擦片磨损过大 (2) 卷扬机制动器摩擦片、制动轮沾油	(1) 更换摩擦片 (2) 清理油垢
9	正常动作时断绳保护装置动作	制动块（钳）压得太紧	调整制动块滑动间隙
10	吊笼运行时有抖动现象	(1) 导轨上有杂物 (2) 导向滚轮（导靴）和导轨间隙过大	(1) 清除杂物 (2) 调整间隙

7 施工升降机事故案例分析

7.1 驾驶室底框开焊坠落事故

2001年×月×日，某建筑工地发生一起施工升降机吊笼底框坠落事故，造成施工升降机司机1人当场死亡。

（1）事故经过

2001年×月×日，某建筑工地施工接近尾声，项目部准备第二天拆除施工升降机，安装单位接到通知后，当天就派遣二名安装拆卸人员去现场进行检查施工升降机，当检查到吊笼底部时，发现驾驶室底座框及焊缝被混凝土包裹，为看清焊缝情况，二人向工地借了一个钢锤敲击驾驶室底框，结果发现其中一个吊笼的底架与驾驶室底框间的焊缝开裂，当即进行电焊修补；然后又对第二个吊笼的底架与驾驶室底框进行敲击检查，未发现问题。但施工升降机使用到下午16∶00左右，第二个吊笼上升到第20层时，驾驶室突然发生坠落，造成施工升降机司机当场死亡。

经查，驾驶室底框与吊笼底架之间的焊缝开裂很长，并有新老两种焊缝开裂痕迹。

（2）原因分析

1）经现场调查、分析，该事故系吊笼的底架与驾驶室底框间的焊缝开裂所致。据勘察，焊缝开裂已经很严重，且时间较长，由于混凝土附着物覆盖未能发现。用大锤敲击后，混凝土附着物不仅没有脱落，反而加大了焊缝的开裂程度，致使吊笼在运行振动后，发生驾驶室坠落事故。

2）拆卸前的检查是一项正常的工作，但使用了不规范的检查方法和手段。

3）检查人员的安全意识淡薄，业务知识不足。

（3）教训与警示

1）拆卸前的检查是一项重要的工作，安装单位应制订企业的检查标准，明确检查的方法和手段。

2）检查人员在不断提高业务水平的同时，也应不断地提高自己的安全意识，避免在工作中留下事故隐患。

7.2 违规使用施工升降机物体打击事故

2000年×月×日，某高层施工工地发生一起建筑脚手架钢管从施工升降机吊笼内坠落，造成1名地面作业人员受物体打击死亡。

（1）事故经过

事故发生的当天，在第34层楼面进行清理脚手架钢管作业过程中，作业人员将钢管搬运进施工升降机吊笼内运送至地面。因钢管有长有短，长的钢管超出施工升降机吊笼的长度，作业人员将吊笼外侧单行门拉起20cm，并用细钢筋将其挂在吊笼侧面的钢丝网上，并将单行门的限位开关捆绑，以保持限位开关处于单行门关闭位置，使单行门在开启的情况下，仍可启动吊笼。

作业人员将长钢管从拉起的单行门下伸出，装进吊笼内。然后将短钢管以丢抛的形式装进吊笼。在丢抛过程中，一根约1m长的钢管从单行门下侧飞出，击穿地面的防护隔离棚，击中一名正在等候施工升降机的作业人员，致使当场死亡。

（2）原因分析

1）作业人员违章作业。施工升降机的正常启动运行的前提是吊笼内外侧门均应处于关闭状态，限位装置的设置是确保吊笼门在未关闭严实的情况下，吊笼是无法启动的。但作业人员擅自拉开单行门并使门限位开关失去防护作用。

2）作业人员违规、野蛮作业。施工现场搬运任何器材、料具不得采用抛掷的方式，脚手架钢管装运作业人员采用抛掷方式运放钢管属于严重违规行为。

3）司机放任作业人员违章作业并不予制止。当司机发现作业人员违章作业时，有责任当即制止。但司机听任放纵作业人员的违章行为和野蛮作业。

4）防护棚防砸措施不到位。

7.3 吊笼冒顶坠落事故

2008年×月×日，某施工项目部在未安装调试到位的情况下启用施工升降机，发生一起施工升降机吊笼坠落事故，造成3人死亡。

（1）事故经过

该工程地下1层、地上20层，为现浇框筒结构，事故发生时已完成9层结构施工。因施工需要，该工程项目部向某建筑机械租赁公司租赁了一台SCD200/200A型新购的双笼施工升降机，由具有安装资质的租赁公司进行安装。因时间紧迫，租赁公司在尚未制定安装方案，也未向工人进行安全技术交底情况下，就派出无证的安装工人到场安装，并约请生产厂派出技术人员到场指导安装工作。某月16日，该施工升降机导轨架安装到28.8m高度，并在建筑结构设置了附着装置，但吊笼安全钩未固定，上行程限位和上极限限位撞块、天轮架、天轮、对重均未安装，安装单位未对施工升降机进行全面检查，亦未办理验收手续，即于当日向工程项目部出具了工作联系单，告知“安装验收完毕，交付项目使用，并于即日起开始收取租赁费”。20 日 6：00时，由无证女司机开动该施工升降机的一个吊笼，载 2 名工人驶向 9 楼，吊笼运行超出导轨架顶后从高空倾翻坠落，吊笼内 3 人当场死亡。

（2）事故原因

1）使用时，施工升降机上行程限位和上极限限位撞块均未安装，使上行程限位和上极限限位功能失效。

2）安装单位未制定施工升降机安装方案和安全技术措施、未进行技术交底、未落实严格的安装验收手续，在尚未安装结束情况下就交付使用。

3）安装单位安排无证人员安装设备。

4）设备使用单位未履行施工升降机安装后交接验收手续，就启用施工升降机。

5）设备使用单位安排无证人员担任施工升降机司机。

6）监理单位对尚未安装结束的施工升降机投入使用的行为未进行制止。

7）施工升降机司机无证上岗违章操作；安装人员无证从事施工升降机安装。

（3）教训与警示

1）设备安装、使用单位内部管理混乱，企业领导安全意识淡薄，不遵守有关安全的法律法规，导致事故发生。

①安装单位未制定详细的施工升降机安装方案、安全技术措施和验收方案，也未进行安全技术交底，安排无证人员安装起重机械，导致上行程限位撞块、上极限限位撞块、天轮架、天轮、对重均未安装，安全钩又未固定；设备安装后，也未进行必要的

检查、试验和验收，就将设备交付给使用单位，并出具书面通知自称已安装验收完毕。安装单位的行为违反了《建设工程安全生产管理条例》第十七条“施工起重机械……安装完毕后，安装单位应当自检，出具自检合格证明，并向施工单位进行安全使用说明，办理验收手续并签字”的规定。

②设备使用单位（工程施工总承包单位）未组织出租单位、安装单位、工程监理等单位共同进行验收即启用设备，违反了《建设工程安全生产管理条例》第三十五条“施工单位在使用施工起重机械……前，应当组织有关单位进行验收”的规定。

③设备使用单位安排无证人员操作施工升降机，违反了《建筑起重机械安全监督管理规定》（建设部令第 166 号）第二十五条“建筑起重机械安装拆卸工、起重信号工、起重司机、司索工等特种作业人员应当经建设主管部门考核合格，并取得特种作业操作资格证书后，方可上岗作业。”的规定。

2）设备生产厂家未能全面履行合同

施工升降机是使用单位租赁的新设备，按合同规定，该设备第一次安装时厂家技术人员有义务到现场进行技术指导，直至全面检查、调试、验收合格后方可离开现场。但该厂技术人员在设备尚未安装结束，设备未进行试运转、验收合格后就匆匆离开现场，生产厂家存在失职行为。

7.4 制动失灵吊笼坠落事故

2007 年×月×日，某居民住宅小区工地发生一起施工升降机吊笼坠落事故，一台 SCD200/200 型施工升降机西侧吊笼突然从 11 层楼坠落，吊笼内 17 名作业人员随吊笼坠落至地面，造成 11 人死亡、6 人受伤。如图 7-1 所示，为事故现场。

（1）事故经过

图 7-1　电机坠地

该工程为一幢 34 层高层住宅楼，11 月某日施工升降机西侧吊笼从地面送料上行至第 33 层卸料后，下行逐层搭乘了若干名下班工人与 1 辆手推车，到第 26 层时又进入 4 人，此时吊笼内共载 17 人（含司机），关门后在未启动电动机的情况下，吊笼即开始下滑并失速下降，司机当即按下紧急按钮，但未能制动住吊笼，吊笼加速坠落至地，造成当场死亡 4 人，后经抢救无效陆续死亡 7 人，共造成 11 人死亡，6 人受伤。

（2）事故调查情况

1）经现场勘察和事故调查，该施工升降机由某建筑机械厂生产，出厂合格证签发时间为 1996 年，吊笼内传动板标牌标注时间为 1999 年 8 月。升降机传动板上安装两套驱动装置、一台防坠安全器及上、下两个背轮，其中防坠安全器出厂时间为 2005 年 8 月，已通过检测。

2）施工升降机司机持有效操作证上岗，设备无台班日检记录、无设备维修记录。

3）事故发生时该吊笼内乘载 17 人、1 辆手推车，其重量为一个吊笼额定载重量 2000kg 的 66.75％，未超载使用。

4）对重块钢丝绳未断裂，对重块坠落在施工升降机护栏外；天轮被对重块撞出顶部支座并坠于 34 层平台上，轮缘明显有被平衡块冲顶撞击痕迹。

5）吊笼操作室内主令开关位于“0”位，紧急制动按钮位于“按下”状态。

6）坠地吊笼传动板的下背轮轴断裂，下背轮脱落，驱动装置齿轮径向脱离齿条，防坠安全器齿轮失去水平约束。动力板上未设置齿轮防脱轨挡块，如图 7-2 所示。

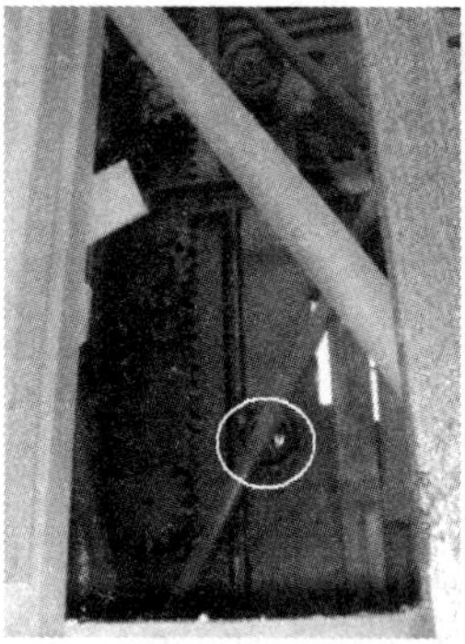

图 7-2 下背轮已脱落、无档块

7）经相关机构对该吊笼的防坠安全器、电磁制动器、驱动齿轮进行检测，防坠安全器的安全开关动作可靠，均符合《施工升降机齿轮锥鼓形渐进式防坠安全器》（JG 121—2000）的规定；两个电磁制动器摩擦片严重磨损，制动力矩小于《SC 系列施工升降机使用说明书》（下称《使用说明书》）标明的 120N·m 额定力矩。当两制动器同时有效制动时，该吊笼所能承受的最大载重量仅为 1058kg（静载）；下背轮轴所采用的内六角螺栓为 4.8 级，低于《施工升降机》（GB/T 10054—2005）规定的 8.8 级。

（3）事故原因

1）电磁制动器的制动力矩不足。吊笼电磁制动器的制动片磨损后，制动片与制动盘的间隙增大，压紧弹簧对制动盘的推力减小，所产生的实际制动力矩远远低于额定制动力矩，并小于吊笼内载荷在制动器上产生的自重力矩，导致吊笼失速下坠。

2）更换了规格不当的螺栓。按使用说明书规定，下背轮轴原为 M20—8.8 级高强度内六角螺栓，实际选用的为 4.8 级的内六角螺栓。

3）产品设计制造不符合规范标准要求，传动板上未设置齿轮防脱轨挡块。吊笼的传动板上未设置防脱轨挡块，在吊笼坠落时，背轮轴被安全器齿轮传来的水平冲击力剪断，背轮作用失效，防坠落输出端齿轮失去水平约束而脱轨。

4）维护保养不到位。两个电磁制动器摩擦片严重磨损，未及时更换。

7.5 导轨架折断吊笼坠落事故

2008年×月×日，某建筑工地发生一起施工升降机因导轨架折断而使运行中的吊笼从空中坠落地面，共造成18人死亡事故。图7-3所示为事故现场。

图7-3 吊笼坠地现场

(1) 事故经过

事故的前天晚上，安装单位对该施工升降机（型号：SCD200/200V）进行了接高加节作业，使导轨架悬出端的距离有12m，但未按规范及时加装一道附着装置。

第二天上午上班，施工升降机司机未对上面悬出情况进行检查下，并未看交接班记录，就将吊笼开过最上一道附着点，到达工程的第28层（约位于悬出导轨架的中部），接送上下作业人员。在接送两次均无异常的情况下，第三次共乘载了18人，当运行至第28层楼时，由于吊笼对导轨架的偏心荷载，使悬出的导轨架在最上一道附着点处折断，吊笼从高空中坠落。

(2) 事故原因

1) 安装单位在未安装附着装置和其他安全限位开关停止作业的情况下，未及时通知设备使用单位禁止使用。

2）设备使用单位在未与安装单位进行交接验收，未了解清楚安装任务是否完成的情况下，直接通知司机启用施工升降机。

3）施工升降机司机上班前在未进行例行检查，未查看上一班的交接班记录的情况下，盲目启用施工升降机。

风力等级、风速与风压对照表

(资料性附录)

风级	风名	风速 (m/s)	风压 (10N/m²)	风 的 特 性
0	无风	0～0.2	0～0.025	静，烟直上
1	软风	0.3～1.5	0.056～0.14	人能辨别风向，但风标不能转动
2	轻风	1.6～3.3	0.16～6.8	人面感觉有风，树叶有微响，风标能转动
3	微风	3.4～5.4	7.2～18.2	树叶及微枝摇动不息，旌旗展开
4	和风	5.5～7.9	18.9～39	能吹起地面灰尘和纸张，树的小枝摇动
5	清风	8.0～10.7	40～71.6	有叶的小树摇摆，内陆的水面有小波
6	强风	10.8～13.8	72.9～119	大树枝叶摇摆，电线呼呼有声，举伞有困难
7	疾风	13.9～17.1	120～183	全树摇动，迎风行走感觉不便
8	大风	17.2～20.7	185～268	微枝折毁，人向前行感觉阻力甚大
9	烈风	20.8～24.4	270～372	建筑物有小损坏，烟囱顶部及屋顶瓦片移动
10	狂风	24.5～28.4	375～504	陆上少见，见时可使树木拔起或将建筑物摧毁
11	暴风	28.5～32.6	508～664	陆上很少，有则必是重大损毁
12	飓风	大于 32.6	大于 664	陆上绝少，其摧毁力极大

注：天气预报中为确定风力分级测量的风速是离地 10m 的平均风速。

附录 2

起重机　钢丝绳保养、维护、安装、检验和报废

GB/T 5972—2009/ISO 4309：2004

1　范围

本标准对在起重机上使用的钢丝绳的保养、维护、安装和检验规定了详细的实施准则，而且列举了实用的报废标准，以促进安全使用起重机。

本标准适用于 GB/T 6074.1—2008 所定义的下列类型的起重机：

——缆索及门式缆索起重机；

——悬臂起重机（柱式、壁上或自行车式）；

——甲板起重机；

——桅杆及牵索式桅杆起重机；

——斜撑式桅杆起重机；

——浮式起重机；

——流动式起重机；

——桥式起重机；

——门式起重机或半门式起重机；

——门座起重机或半门座起重机；

——铁路起重机；

——塔式起重机。

本标准可以应用在无论用手动，还是机械、电力或液力

驱动的使用吊钩、抓斗、电磁铁、钢包的起重机、挖掘机或堆垛机。

本标准也可以应用在使用钢丝绳的起重机葫芦和起重机滑车。

2 术语和定义

下列术语和定义适用于本标准。

2.1 钢丝绳实际直径 actual nope diameter

在同一截面相互垂直的方向上测量钢丝绳直径，取得的两次测量的平均值，单位为毫米。

2.2 间隙 clearance

钢丝绳股的任意层中各钢丝之间或在同层中任意绳股之间的间隙。

2.3 卷筒上跃层部分钢丝绳 cross-over of rope on a drum

由于卷筒槽型或下层钢丝绳结构的影响，钢丝绳从一圈绕到另一圈时改变其常规路径的绳段。

2.4 同向捻 lang lay

外层股中钢丝的捻向与外层绳股在钢丝绳中的捻向相同。

2.5 缠绕 wrap

钢丝绳绕卷筒一圈。

2.6 捻距 lay length

螺线形钢丝绳外部钢丝和外部绳股围绕绳芯旋转一整圈（或一个螺旋），沿钢丝绳轴向测得的距离。

2.7 钢丝绳公称直径 nominal rope diameter

钢丝绳直径的标称值，单位为毫米。

2.8 交互捻 ordinary lay; regular lay

钢丝绳中绳股的捻向与其外层股中钢丝的捻向相反。

2.9 **卷盘 reel**

缠绕钢丝绳的带凸缘的卷盘，用于钢丝绳的装船发运或贮存。

注：卷盘可以是木制或钢制的，取决于缠绕钢丝绳的质量。

2.10 **钢丝绳芯 rope core**

支撑外部绳股的钢丝绳的中心组件。

2.11 **钢丝绳检验记录 rope examination record**

栓验后的钢丝绳的历史记录和现状记录。

2.12 **单层股钢丝绳 single-layer rope**

由单层股绕一个芯螺旋捻制而成的多股钢丝绳。

2.13 **平行捻密实钢丝绳 parallel-closed rope**

至少由两层平行捻股围绕一个芯螺旋捻制而成的多股钢丝绳。

2.14 **阻旋转钢丝绳 rotation-resistant rope**

承载时能减小扭矩和旋转程度的多股钢丝绳。

注1：阻旋转钢丝绳通常由两层或更多层股围绕一个芯螺旋捻制而成，外层股与相邻内层股捻向相反。

注2：由三支或四支股组成的钢丝绳也具有阻旋转的特性。

注3：阻旋转钢丝绳曾被称为反向捻钢丝绳、多层股钢丝绳和不旋转钢丝绳。

2.15 **多股钢丝绳 stranded rope**

通常由多个股围绕一个绳芯或一个中心螺旋捻制一层或多层的钢丝绳。

注：由三支或四支外层股组成的多股钢丝绳可能没有绳芯。

3 钢丝绳

3.1 安装前的状况

3.1.1 钢丝绳的置换

起重机上只应安装由起重机制造商指定的具有标准长度、直径、结构和破断拉力的钢丝绳，除非经起重机设计人员、钢丝绳制造商或有资格人员的准许，才能选择其他钢丝绳。

钢丝绳与卷筒、吊钩滑轮组或起重机结构的连接只应采用起重机制造商规定的钢丝绳端接装置或同样应经批准的供选方案。

3.1.2 钢丝绳长度

所用钢丝绳的长度应充分满足起重机的使用要求，并且在卷筒上的终端位置应至少保留两圈钢丝绳。根据使用情况，如需从较长的钢丝绳上截取一段时，应对两端断头进行处理；或在切断时，采用适当的方法来防止钢丝绳松散（见附图 1-1）。

3.1.3 起重机和钢丝绳制造商的使用说明书

应遵守在起重机手册和由钢丝绳制造商给出的使用说明书中的规定。

在起重机上重新安装钢丝绳之前，应检查卷筒和滑轮上的所有绳槽，确保其完全适合替换的钢丝绳（见第 5 章）。

3.1.4 卸货和储存

为了避免意外事故，钢丝绳应谨慎小心地卸货。卷盘或绳卷既不允许坠落，也不允许用金属吊钩或叉车的货叉插入钢丝绳。

钢丝绳应储存在凉爽、干燥的仓库内，且不应与地面接触。钢丝绳绝不允许储存在易受化学烟雾、蒸汽或其他腐蚀剂侵袭的场所。储藏的钢丝绳应定期检查，且如有必要，应对钢丝绳包扎。如果户外储藏不可避免，则钢丝绳应加以覆盖以免湿气导致锈蚀。

从起重机上卸下的待用的钢丝绳应进行彻底的清洁，在储存之前对每一根钢丝绳进行包扎。

长度超过 30m 的钢丝绳应在卷盘上储存。

3.2 安装

3.2.1 展开和安装

当钢丝绳从卷盘或绳卷展开时，应采取各种措施避免绳的扭转或降低钢丝绳扭转的程度。因为钢丝绳扭转可能会在绳内产生结环、扭结或弯曲的状况。为避免发生这种状况，对钢丝绳应采取保持张紧呈直线状态的措施（见附图 1-2）。

因旋转中的钢丝绳卷盘具有很大的惯性，故对此需要进行控制，使钢丝绳按顺序缓慢地释放出来。

绳卷中的钢丝绳应从一个卷盘中放出。作为一种选择，在较短长度的绳卷的外部绳端可能呈自由状态而剩余绳段则沿着地面向前滚动（见附图 1-3）。为搬运方便，内部绳端应首先被固定到邻近的外圈。切勿由平放在地面的绳卷或卷盘释放钢丝绳（见附图 1-4）。

钢丝绳在释放过程中应尽可能保持清洁。钢丝绳截断时，应按制造厂商的说明书进行（见附图 1-1）。

为确保阻旋转钢丝绳的安装无旋紧或旋松现象，应对其给予特别关注，且任何切断是安全可靠和防止松散的。

注 1：如果绳股被弄乱，很可能在后来的使用期间发生钢丝绳的变形，而且可能降低其使用寿命。

注 2：钢丝绳安装期间旋紧或旋松现象可导致吊钩组的附加扭转。

钢丝绳在安装时不应随意乱放，亦即转动既不应使之绕进也不应使之绕出。在安装的时候，钢丝绳应总是同向弯曲，亦即从卷盘顶端到卷筒顶端，或从卷盘底部到卷筒底部处释放均应同向（见附图 1-2）。

终端固定应特别小心确保安全可靠且应符合起重机手册的规定。

如果在安装期间起重机的任何部分对钢丝绳产生摩擦，则接触部位应采取有效的保护措施。

3.2.2 使用前试运转

钢丝绳在起重机上投入使用之前，用户应确保与钢丝绳运行关联的所有装置运转正常。为使钢丝绳及其附件调整到适应实际使用状态，应对机构在低速和大约10%左右的额定工作载荷（WLL）的状态下进行多次操作循环运转操作。

3.3 维护

对钢丝绳所进行的维护应与起重机、起重机的使用、环境以及所涉及的钢丝绳类型有关。除非起重机或钢丝绳制造商另有指示，否则钢丝绳在安装时应涂以润滑脂或润滑油。以后，钢丝绳应在必要的部位作清洗工作，而对在有规则的时间间隔内重复使用的钢丝绳，特别是绕过滑轮的长度范围内的钢丝绳在显示干燥或锈蚀迹象之前，均应使其保持良好的润滑状态。

钢丝绳的润滑油（脂）应与钢丝绳制造商使用的原始润滑油（脂）一致，且具有渗透力强的特性。如果钢丝绳润滑在起重机手册中不能确定，则用户应征询钢丝绳制造商的建议。

钢丝绳较短的使用寿命源于缺乏维护，尤其是起重机在有腐蚀性的环境中使用，以及由于与操作有关的各种原因，例如在禁止使用钢丝绳润滑剂的特定场合下使用。针对这种情况，钢丝绳检验的周期应相应缩短。

3.4 检验

3.4.1 周期

3.4.1.1 日常外观检验

每个工作日都应尽可能对任何钢丝绳的所有可见部位进行观察，目的是发现一般的损坏和变形。应特别注意钢丝绳在起重机上的连接部位（见图A.1），钢丝绳状态的任何可疑变化情况都应报告，并由主管人员按照 3.4.2 的规定进行检查。

3.4.1.2 定期检验

定期检验应由主管人员按照 3.4.2 的规定进行。为了确定定期检验的周期，应考虑如下各点：

——国家对应用钢丝绳的法规要求；

——起重机的类别及使用地的工作环境；

——起重机的工作级别；

——前期的检验结果；

——钢丝绳已使用的时间。

流动式起重机和塔式起重机用钢丝绳至少应按主管人员的决定每月检查一次或更多次。

注：根据钢丝绳的使用情况，主管人员有权决定缩短检查的时间间隔。

3.4.1.3 专项检验

专项检验应按照 3.4.2 的规定进行。

在钢丝绳和/或其固定端的损坏而引发事故的情况下，或钢丝绳经拆卸又重新安装投入使用前，均应对钢丝绳进行一次检查。

如起重机停止工作达 2 个月以上，在重新使用之前应对钢丝绳预先进行检查。

注：根据钢丝绳的使用情况，主管人员有权决定缩短检查的时间间隔。

3.4.1.4 在合成材料滑轮或带合成材料衬套的金属滑轮上使用的钢丝绳的检验

在纯合成材料或部分采用合成材料制成的或带有合成材料轮衬的金属滑轮上使用的钢丝绳，其外层发现有明显可见的断丝或磨损痕迹时，其内部可能早已产生了大量的断丝。在这些情况下，应根据以往的钢丝绳使用记录制定钢丝绳专项检验进度表，其中既要考虑使用中的常规检查结果，又要考虑从使用中撤下的钢丝绳的详细检验记录。

应特别注意已出现干燥或润滑剂变质的局部区域。

对专用起重设备用钢丝绳的报废标准，应以起重机制造商和钢丝绳制造商之间交换的资料为基础。

注：根据钢丝绳的使用情况，主管人员有权决定缩短检查的时间间隔。

3.4.2 检验部位

3.4.2.1 通则

钢丝绳应作全长检查，还应特别注意下列各部位：

——运动绳和固定绳两者的始末端；

——通过滑轮组或绕过滑轮的绳段；

——在起重机重复作业情况下，当起重机在受载状态时的绕过滑轮的钢丝绳任何部位（见附录 A)；

——位于平衡滑轮的钢丝绳段；

——由于外部因素（例如舱口栏板）可能引起磨损的钢丝绳任何部位；

——产生锈蚀和疲劳的钢丝绳内部（见附录 C)；

——处于热环境的绳段。

检验的结果应记录在起重机检验的记录本中（典型示例见第 6 章和附录 B)。

3.4.2.2 索具除外的绳端部位

应对从固定端引出的钢丝绳段作检查，这个部位是发生疲劳（断丝）和锈蚀的危险点。对固定装置本身也应作变形或磨损检验。

对于采用压制或锻造绳箍的绳端固定装置应进行类似的检验，并检验绳箍材料是否有裂纹以及绳箍和钢丝绳之间可能的滑移。

可拆卸的装置（例如楔形接头、钢丝绳夹）应检验其内部绳段和绳端内的断丝情况，并确保楔形接头、钢丝绳夹的紧固性，检验内容还包括绳端装置是否完全符合相关标准和操作规程的要求。

对手工编织的环状插扣式绳头应只使用在接头的尾部（目的是为了防止绳端突出的钢丝伤手），而接头的其余部位应随时用肉眼检查其断丝的情况。

若断丝明显发生在绳端装置附近或绳端装置内，可将钢丝绳截短再重新装到绳端固定装置上使用，然而，钢丝绳最终的长度应充分满足在卷筒上缠绕最少圈数的要求。

3.4.3 无损检测

借助电磁技术的无损检测可作为对外观检验的辅助检验，用以确定钢丝绳损坏的区域和程度。

拟采用电磁方法以 NDT（无损检测）作为对外观检验的辅助检验时，应在钢丝绳安装之后尽快地进行初始的电磁 NDT（无损检测）。

3.5 报废标准

3.5.1 总则

钢丝绳的安全使用由下列各项标准来判定（见 3.5.2～3.5.12）：

——断丝的性质和数量；

——绳端断丝；

——断丝的局部聚集；

——断丝的增加率；

——绳股断裂；

——绳径减小，包括从绳芯损坏所致的情况；

——弹性降低；

——外部和内部磨损；

——外部和内部锈蚀；

——变形；

——由于受热或电弧的作用引起的损坏；

——永久伸长率。

所有的检验均应考虑上述各项因素，作为公认的特定标准。但钢丝绳的损坏通常是由多种综合因素造成的，主管人员应根据其累积效应判断原因并作出钢丝绳是报废还是继续使用的决定。

在所有的情况下，检验人员应调查研究是否因起重机工作异常引起钢丝绳损坏；如果是，则应在安装新钢丝绳之前，推荐采取消除导致工作异常的措施。

单项损坏程度应作评定，并以专项报废标准的百分比表示。钢丝绳在任何的给定部位损坏的累积程度应将该部位记录的单项值相加来确定。当在任何的部位累积值达到100％时，该钢丝绳应报废。

3.5.2　断丝的性质和数量

起重机的总体设计不允许钢丝绳有无限长的使用寿命。

对于6股和8股的钢丝绳，断丝通常发生在外表面。对于阻旋转钢丝绳，断丝大多发生在内部因而是“非可见的”的断丝。附表1-1和附表1-2是指3.5.3～3.5.12中各种因素进行综合考虑后的断丝控制标准。

谷部断丝可能指示钢丝绳内部的损坏，需要对该区段钢丝绳作更周密的检验。当在一个捻距内发现两处或多处的谷部断丝时，钢丝绳应考虑报废。

当制定阻旋转钢丝绳报废标准时，应考虑钢丝绳结构、使用长度和钢丝绳使用方式。有关钢丝绳的可见断丝数及其报废标准在附表1-2中给出。

应特别注意出现润滑油发干或变质现象的局部区域。

钢制滑轮上使用的单层股钢丝绳和平行捻密实钢丝绳中达到或超过报废标准的可见断丝数　　附表 1-1

钢丝绳类别号 RCN（参见附录 E）	外层股中承载钢丝的总数[a] n	可见断丝的数量[b]					
		在钢制滑轮和/或单层缠绕在卷筒上工作的钢丝绳区段（钢丝断裂随机分布）				多层缠绕在卷筒上工作的钢丝绳区段[c]	
		工作级别 M1～M4 或未知级别[d]				所有工作级别	
		交互捻		同向捻		交互捻和同向捻	
		长度范围大于 $6d$[e]	长度范围大于 $30d$[e]	长度范围大于 $6d$[e]	长度范围大于 $30d$[e]	长度范围大于 $6d$[e]	长度范围大于 $30d$[e]
01	$n \leqslant 50$	2	4	1	2	4	8
02	$51 \leqslant n \leqslant 75$	3	6	2	3	6	12
03	$76 \leqslant n \leqslant 100$	4	8	2	4	8	16
04	$101 \leqslant n \leqslant 120$	5	10	2	5	10	20
05	$121 \leqslant n \leqslant 140$	6	11	3	6	12	22
06	$141 \leqslant n \leqslant 160$	6	13	3	6	12	26
07	$161 \leqslant n \leqslant 180$	7	14	4	7	14	28
08	$181 \leqslant n \leqslant 200$	8	16	4	8	16	32
09	$201 \leqslant n \leqslant 220$	9	18	4	9	18	36
10	$221 \leqslant n \leqslant 240$	10	19	5	10	20	38
11	$241 \leqslant n \leqslant 260$	10	21	5	10	20	42

续表

钢丝绳类别号 RCN（参见附录 E）	外层股中承载钢丝的总数[a] n	可见断丝的数量[b]					
		在钢制滑轮和/或单层缠绕在卷筒上工作的钢丝绳区段（钢丝断裂随机分布）				多层缠绕在卷筒上工作的钢丝绳区段[c]	
		工作级别 M1～M4 或未知级别[d]				所有工作级别	
		交互捻		同向捻		交互捻和同向捻	
		长度范围大于 $6d$[c]	长度范围大于 $30d$[e]	长度范围大于 $6d$[e]	长度范围大于 $30d$[e]	长度范围大于 $6d$[e]	长度范围大于 $30d$[e]
12	$261 \leqslant n \leqslant 280$	11	22	6	11	22	44
13	$281 \leqslant n \leqslant 300$	12	24	6	12	24	48
	$n > 300$	0.04n	0.08n	0.02n	0.04n	0.08n	0.16n

注 1. 具有外层股且每股钢丝数≤19 根的西鲁型（Seale）钢丝绳（例如 6×19 西鲁型），在表中被分列于两行，上面一行构成为正常放置的外层股承载钢丝的数目。

2. 在多层缠绕卷筒区段上述数值也可适用于在滑轮工作的钢丝绳的其他区段，该滑轮是用合成材料制成的或具有合成材料轮衬。但不适用于在专门用合成材料制成的或以由合成材料轮衬组合的单层卷绕的滑轮工作的钢丝绳。

[a] 本标准中的填充钢丝未被视为承载钢丝，因而不包含在 n 值中。

[b] 一根断丝会有两个断头（按一根钢丝计数）。

[c] 这些数值适用于在跃层区和由于缠入角影响重叠层之间产生干涉而损坏的区段（且并非仅在滑轮工作和不缠绕在卷筒上的钢丝绳的那些区段）。

[d] 可将以上所列断丝数的两倍数值用于已知其工作级别为 M5～M8 的机构。参见 GB/T 24811.1—2009。

[e] d——钢丝绳公称直径。

在阻旋转钢丝绳中达到或超过报废标准的可见断丝数 **附表 1-2**

钢丝绳类别号 RCN（见附录 E）	钢丝绳外层股数和在外层股中承载钢丝总数[a] n	可见断丝数量[b]			
		在钢制滑轮和/或单层缠绕在卷筒上工作的钢丝绳区段		多层缠绕在卷筒上工作的钢丝绳区段[c]	
		长度范围大于 $6d$[d]	长度范围大于 $30d$[d]	长度范围大于 $6d$[d]	长度范围大于 $30d$[d]
21	4 股 $n\leqslant100$	2	4	2	4
	3 股或 4 股 $n\geqslant100$	2	4	4	8
	至少 11 个外层股				
23-1	$76\leqslant n\leqslant100$	2	4	4	8
23-2	$101\leqslant n\leqslant120$	2	4	5	10
23-3	$121\leqslant n\leqslant140$	2	4	6	11
24	$141\leqslant n\leqslant160$	3	6	6	13
25	$161\leqslant n\leqslant180$	4	7	7	14
26	$181\leqslant n\leqslant200$	4	8	8	16
27	$201\leqslant n\leqslant220$	4	9	9	18
28	$221\leqslant n\leqslant240$	5	10	10	19
29	$241\leqslant n\leqslant260$	5	10	10	21
30	$261\leqslant n\leqslant280$	6	11	11	22
31	$281\leqslant n\leqslant300$	6	12	12	24
	$n>300$	6	12	12	24

注 1. 具有外层股的每股钢丝数≤19 根的西鲁型（Seale）钢丝绳（例如 18×19 西鲁型－WSC 型）在表中被放置在两行内，上面一行构成为正常放置的外层股承载钢丝的数目。

2. 在多层缠绕卷筒区段上述数值也可适用于在滑轮工作的钢丝绳的其他区段，该滑轮是用合成材料制成的或具有合成材料轮衬。它们不适用于在专门用合成材料制成的或以由合成材料内层组合的单层卷绕的滑轮工作的钢丝绳。

[a] 本标准中的填充钢丝未被视为承载钢丝，因而不包含在 n 值中。

[b] 一根断丝会有两个端头（计算时只算一根钢丝）。

[c] 这些数值适用于在跃层区和由于缠人角影响重叠层之间产生干涉而损坏的区段（且并非仅在滑轮工作和不缠绕在卷筒上的钢丝绳的那些区段）。

[d] d——钢丝绳名义直径。

3.5.3 绳端断丝

绳端或其邻近的断丝，尽管数量很少但表明该处的应力很大，可能是绳端不正确的安装所致，应查明损坏的原因。为了继续使用，若剩余的长度足够，应将钢丝绳截短（截去绳端断丝部位）再造终端。否则，钢丝绳应报废。

3.5.4 断丝的局部聚集

如断丝紧靠在一起形成局部聚集，则钢丝绳应报废。如这种断丝聚集在小于 $6d$ 的绳长范围内，或者集中在任一支绳股里，那么，即使断丝数比附表 1-1 或附表 1-2 列出的最大值少，钢丝绳也应予以报废。

3.5.5 断丝的增加率

在某些使用场合，疲劳是引起钢丝绳损坏的主要原因，钢丝绳在使用一个时期之后才会出现断丝，而且断丝数将会随着时间的推移逐渐增加。在这种情况下，为了确定断丝的增加率，建议定期仔细检验并记录断丝数，以此为据可用以推定钢丝绳未来报废的日期。

3.5.6 绳股断裂

如果整支绳股发生断裂，钢丝绳应立即报废。

3.5.7 绳径因绳芯损坏而减小

由于绳芯的损坏引起钢丝绳直径减小的主要原因如下：

——内部的磨损和钢丝压痕；

——钢丝绳中各绳股和钢丝之间的摩擦引起的内部磨损，特别是当其受弯曲时尤甚；

——纤维绳芯的损坏；

——钢芯的断裂；

——阻旋转钢丝绳中内层股的断裂。

如果这些因素引起阻旋转钢丝绳实测直径比钢丝绳公称直径减小 3%，或其他类型的钢丝绳减小 10%，即使没有可见断丝，钢丝绳也应报废。

注：通常新的钢丝绳实际直径大于钢丝绳公称直径。

微小的损坏，特别当钢丝绳应力在各绳股中始终得以良好的平衡时，从通常的检验中不可能如此明显检出。然而，此种情况可能造成钢丝绳强度大大降低。因此，对任何细微的内部损坏均应采用内部检验程序查证（见附录C或采用无损检测）。如果此种损坏被证实，钢丝绳应报废。

3.5.8 外部磨损

钢丝绳外层绳股的钢丝表面的磨损，是由于其在压力作用下机组轮和卷筒的绳槽接触摩擦造成的。这种现象在吊运载荷加速或减速运动时，在钢丝绳与滑轮接触部位特别明显。而且表现为外部钢丝被磨成平面状。

润滑不足或不正确的润滑以及灰尘和砂砾促使磨损加剧。

磨损使钢丝绳股的横截面积减小从而降低钢丝绳的强度，如果由于外部的磨损使钢丝绳实际直径比其公称直径减小7%或更多时，即使无可见断丝，钢丝绳也应报废。

3.5.9 弹性降低

在某些情况下，通常与工作环境有关，钢丝绳的实际弹性显著降低，继续使用是不安全的。

弹性降低较难发现，如果检验人员有任何怀疑，应征询钢丝绳专家的意见。然而，弹性降低通常还与下列各项有关；

——绳径的减小；

——钢丝绳捻距的伸长；

——由于各部分彼此压紧，引起钢丝之间和绳股之间缺乏空隙；

——在绳股之间或绳股内部，出现细微的褐色粉末；

——韧性降低。

虽未发现可见断丝，但钢丝绳手感会明显僵硬且直径减小，比单纯由于钢丝磨损使直径减小要更严重，这种状态会导致钢丝绳在动载作用下突然断裂，是钢丝绳立即报废的充分理由。

3.5.10 外部和内部腐蚀

3.5.10.1 一般情况

腐蚀在海洋和工业污染的大气中特别容易发生。它不仅会由于钢丝绳金属断面减小导致钢丝绳的破断强度降低，而且严重破裂的不规则表面还会促使疲劳加速。严重的腐蚀能引起钢丝绳的弹性降低。

3.5.10.2 外部腐蚀

外部钢丝的锈蚀通常可用目测发现。

由于腐蚀侵袭及钢材损失而引起的钢丝松弛，是钢丝绳立即报废的充分理由。

3.5.10.3 内部腐蚀

这种情况比时常伴随它发生的外部腐蚀更难发现，但是下列现象可供识别（见附录 D)：

——钢丝绳直径的变化；

——钢丝绳在绕过滑轮的弯曲部位，通常会发生直径减小。但静止段的钢丝绳由于外层绳股锈蚀而引起绳径增加并非罕见；

——钢丝绳的外层绳股间的空隙减小，还经常伴随出现绳股之间或绳股内部的断丝。

如果有任何内部腐蚀的迹象，应按附录 C 的说明由主管人员对钢丝绳作内部检验。一经确认有严重的内部腐蚀，钢丝绳应立即报废。

3.5.11 变形

3.5.11.1 一般情况

钢丝绳失去它的正常形状而产生可见的畸形称为“变形”，这种变形会导致钢丝绳内部应力分布不均匀。

3.5.11.2 波浪形

波浪形是一种变形，它使钢丝绳无论在承载还是在卸载状态下，其纵向轴线呈螺旋线形状。这种变形不一定导致强度的损失，但变形严重时，可能产生跳动造成钢丝绳传动不规则。长期工作之后，会引起磨损加剧和断丝。

在出现波浪形（见附图1-5）的情况下，如果绕过滑轮或卷筒的钢丝绳在任何载荷状态下不弯曲的直线部分满足以下条件：

$$d_1 > 4d/3$$

或如果绕过滑轮或卷筒的钢丝绳的弯曲部分满足以下条件：

$$d_1 > 1.1d$$

则钢丝绳均应予以报废。

式中 d——为钢丝绳公称直径；

d_1——为钢丝绳变形后相应的包络直径。

3.5.11.3 笼状畸变

篮形或笼状畸变也称“灯笼形”，是由于绳芯和外层绳股的长度不同生产的结果。不同的机构均能产生这种畸变。

例如当钢丝绳以很大的偏角绕入滑轮或者卷筒时，它首先接触滑轮的轮缘或卷筒绳槽尖，然后向下滚动落入绳槽的底部。这个特性导致对外层绳股的散开程度大于绳芯，因而使钢丝绳股和绳芯间产生长度差。

钢丝绳绕过“致密滑轮”即绳槽半径太小的滑轮时，钢丝绳被压缩使绳径减小，同时造成钢丝绳长度增加。如绳股的外层被压缩和拉长的长度大于钢丝绳绳芯被压缩和拉长的长度，这种情况就会再次形成钢丝绳绳股与绳芯间的长度差。

在这两种情况下，滑轮和卷筒均能使松散的外层股移位，并使长度差集中在钢丝绳缠绕系统内某个位置上出现篮形或笼状畸变。

有笼状畸变的钢丝绳应立即报废。

3.5.11.4 绳芯或绳股挤出/扭曲

这一钢丝绳失衡现象表现为外层绳股之间的绳芯（对阻旋转钢丝绳而言则为钢丝绳中心）挤出（隆起），或钢丝绳外层股或绳股有绳芯挤出（隆起）的一种篮形或笼状畸变的特殊型式。

有绳芯或绳股挤出（隆起）或扭曲的钢丝绳应立即报废。

3.5.11.5 钢丝挤出

钢丝挤出是一些钢丝或钢丝束在钢丝绳背对滑轮槽的一侧拱起形成环状的变形。有钢丝挤出的钢丝绳应立即报废。

3.5.11.6 绳径局部增大

钢丝绳直径发生局部增大，并能波及相当长的一段钢丝绳，这种情况通常与绳芯的畸变有关（在特殊环境中，纤维芯由于受潮而膨胀），结果使外层绳股受力不均衡，造成绳股错位。

如果这种情况使钢丝绳实际直径增加5%以上，钢丝绳应立即报废。

3.5.11.7 局部压扁

通过滑轮部分压扁的钢丝绳将会很快损坏，表现为断丝并可能损坏滑轮，如此情况的钢丝绳应立即报废。

位于固定索具中的钢丝绳压扁部位会加速腐蚀，如果继续使用，应按规定的缩短周期对其进行检查。

3.5.11.8 扭结

扭结是由于钢丝绳成环状在不允许绕其轴线转动的情况下被绷紧造成的一种变形。其结果是出现捻距不均而引起过度磨损，严重时钢丝绳将产生扭曲，以致仅存极小的强度。

有扭结的钢丝绳应立即报废。

3.5.11.9 弯折

弯折是由外界影响因素引起的钢丝绳的角度变形。

有严重弯折的钢丝绳类似钢丝绳的局部压扁，应按3.5.11.7的要求处理。

3.5.12 受热或电弧引起的损坏

钢丝绳因异常的热影响作用在外表出现可识别的颜色变化时，应立即报废。

4 钢丝绳的使用情况记录

检验人员准确记录的资料可用于预测在起重机上的特种钢丝绳的使用性能。这些资料在调整维护程序以及调控钢丝绳更换件的库存量方面都是有用的。如果采用这些预测，则不应因此而放松检验或延长本标准前述条款中规定的使用期限。

5 与钢丝绳有关的设备情况

缠绕钢丝绳的卷筒和滑轮应作定期检查，以确保这些部件的正常运转。

不灵活或被卡住的滑轮或导轮急剧且不均衡的磨损，导致配用钢丝绳的严重磨损。滑轮的无效补偿可能会引起钢丝绳缠绕时受力不均匀。

所有滑轮槽底半径应与钢丝绳公称直径相匹配（详见 GB/T 24811.1—2009）。若槽底半径太大或太小，应重新加工绳槽或更换滑轮。

6 钢丝绳检验记录

对于每一次定期或专项检验，检验者应提供与检验有关的数据记录本。典型的检验记录实例见附录 B。

7 钢丝绳的贮存和鉴别

应提供清洁、干燥和无污染的仓库储藏钢丝绳，以避免备用钢丝绳的损坏。

应根据钢丝绳的检验记录提供明确的鉴别方法。

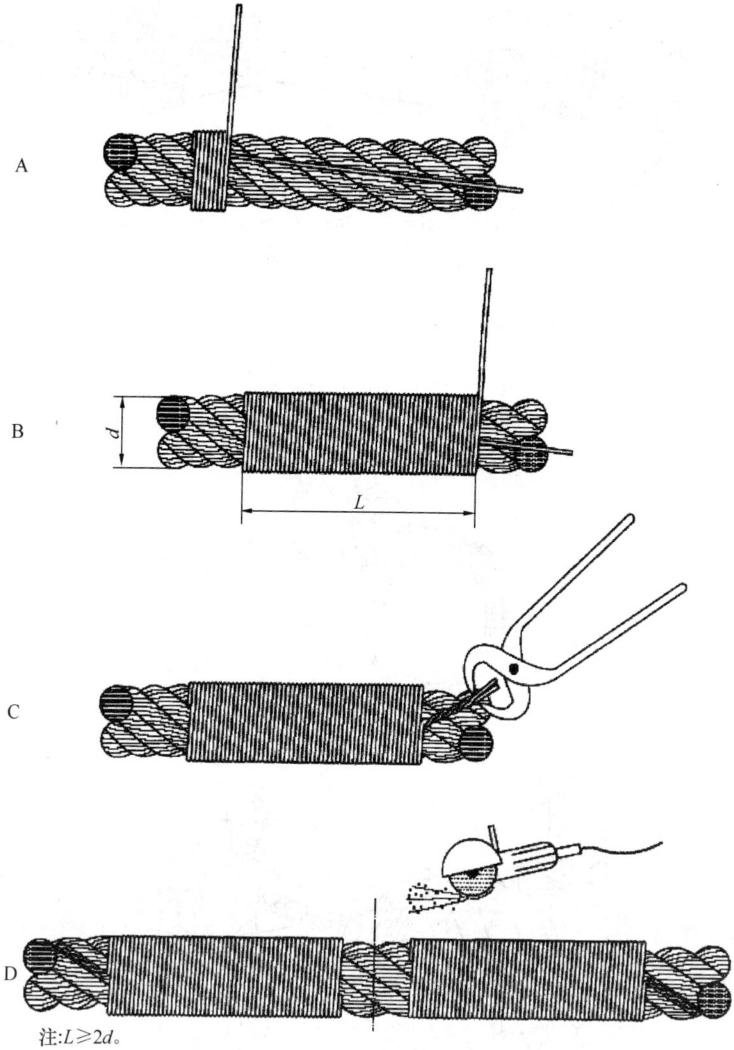

注:$L \geqslant 2d$。

附图 1-1　钢丝绳切断之前的施工准备

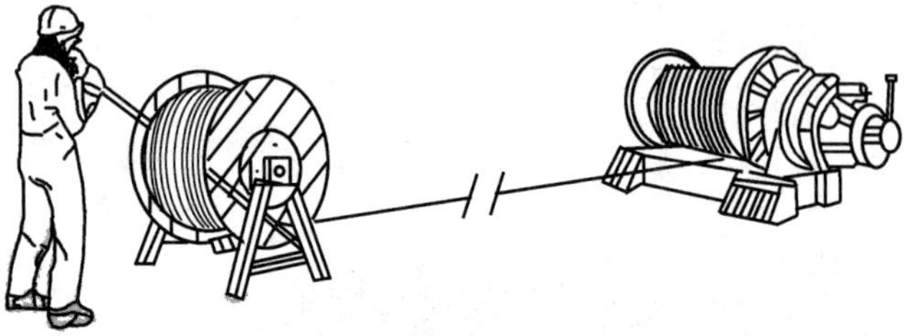

附图 1-2　带张紧装置的钢丝绳从卷盘底部缠绕到卷筒底部的示例

(*a*)

(*b*)

附图 1-3　解开钢丝绳的正确方法

(*a*) 从绳卷解开；(*b*) 从卷盘上解开

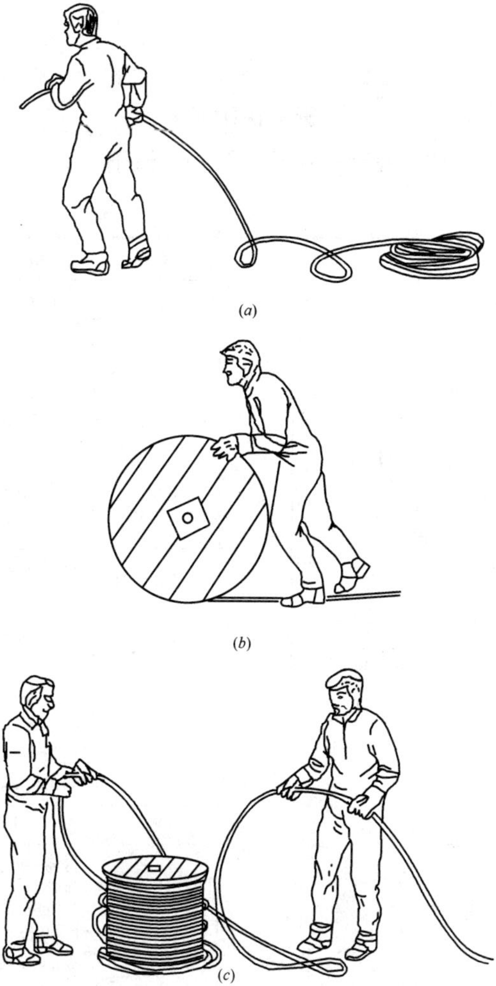

附图 1-4　解开钢丝绳的错误方法

（a）从绳卷解开；（b）、（c）从卷盘解开

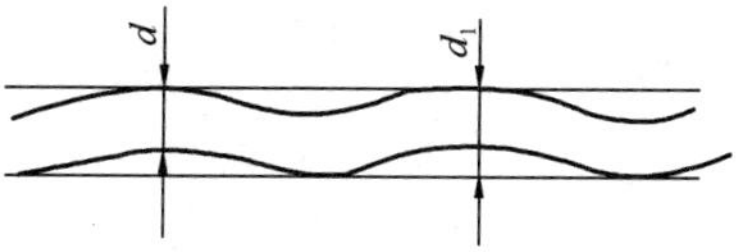

附图 1-5　波浪形

附 录 A

（资料性附录）

检验鉴定部位及相关缺陷

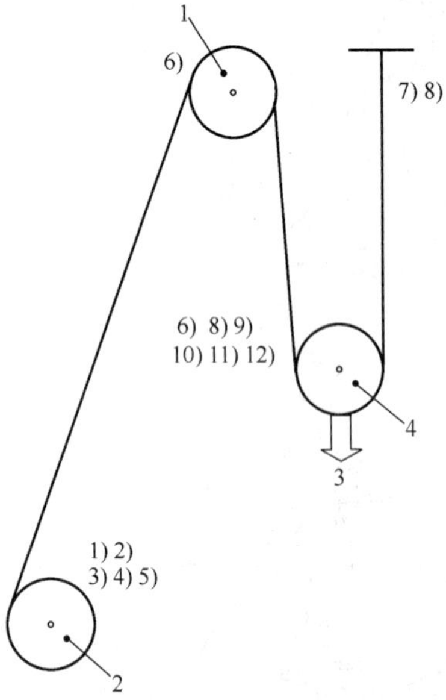

图中位置	检 验 类 别
1)	检查卷筒上钢丝绳的终端
2)	检查由于不当卷绕引起的变形（部分压扁）和在跃层部位可能的严重磨损
3)	检查断丝
4)	检查腐蚀情况
5)	查找突然加载引起的变形
6)	检查绕在滑轮部位钢丝绳的断丝和磨损
7)	固定装置点处； 检查断丝和腐蚀；同样地检查补偿滑轮或邻近的钢丝绳区段
8)	查看变形情况
9)	检查钢丝绳直径
10)	仔细检查绕过滑轮组区段的长度，特别是在受载状态时通过滑轮区段的长度
11)	检查断丝和表面磨损
12)	检查腐蚀情况

图中：
1——定滑轮；
2——卷筒；
3——载荷；
4——动滑轮组。

图 A.1　钢丝绳系统检验鉴定部位的示例和相关缺陷

附　录　B

（资料性附录）

钢丝绳检验记录的典型示例

B.1　单式记录

起重机情况：______________________　　钢丝绳用途：______________________

钢丝绳详细资料：____

商标品牌（若已知）：____

公称直径________ mm

结构：____

绳芯[a]：IWRC 独立钢丝绳　FC 纤维（天然或合成织物）　WSC 钢丝股

钢丝表面[a]：无镀层　　镀锌

捻制方向和类型[a]：右向：　sZ 交互捻 zZ 同向捻　Z 右捻　左向：sS 同向捻　S 左捻

允许可见断丝数量：____________（在 $6d$ 长度范围内）____________（在 $30d$ 长度范围内）

允许的绳径减小量：10%或 3%

安装日期（年/月/日）：________　报废日期（年/月/日）：________________

<table>
<tr><td colspan="2">可见断丝数</td><td colspan="2">绳径减小</td><td rowspan="2">外层钢丝磨损</td><td rowspan="2">腐蚀</td><td rowspan="2">损坏和变形</td><td rowspan="2">钢丝绳的部位</td><td rowspan="2">全面评价</td></tr>
<tr><td colspan="2">所在长度范围</td><td rowspan="2">实际直径</td><td rowspan="2">比公称直径的减小量</td></tr>
<tr><td>6d</td><td>30d</td><td>程度</td><td>程度</td><td>程度和类型</td><td></td><td>程度[b]</td></tr>
<tr><td></td><td></td><td></td><td></td><td></td><td></td><td></td><td></td><td></td></tr>
<tr><td></td><td></td><td></td><td></td><td></td><td></td><td></td><td></td><td></td></tr>
<tr><td></td><td></td><td></td><td></td><td></td><td></td><td></td><td></td><td></td></tr>
<tr><td></td><td></td><td></td><td></td><td></td><td></td><td></td><td></td><td></td></tr>
<tr><td></td><td></td><td></td><td></td><td></td><td></td><td></td><td></td><td></td></tr>
</table>

其他观察值/意见：

履行日期（周期/小时/天/月/其他）：__________________________________

检验日期：　　　年　月　日　　盖章：____________　签名：____________

[a] 可用打勾标记。

[b] 描述损坏的程度如：轻微、中等、严重、非常严重或报废。

B.2 使用记录

起重机情况	钢丝绳安装日期	钢丝绳详细资料（钢丝绳名称见（GB/T 8706—2006）					
		RCN[a]	钢丝绳公称直径/mm	商标名称	绳芯[b] 钢芯 IWRC 纤维芯 FC 混合芯 WSC	钢丝表面状况[b] 无镀层 镀锌	捻制方向及型式[b] 右向：sZ zZ Z 左向：zS sS S
钢丝绳用途： 钢丝绳终端固定装置：	钢丝绳报废日期			结构			
		外层钢丝允许断丝数 在 6*d* 范围内______在 30*d* 范围内______					绳径允许的减少量 10%或 3%

检验日期	可见外部断丝				绳径减小				腐蚀		损坏和变形		累积损坏程度[c]（备注）
	在以下长度范围的断丝数		钢丝绳的部位	程度	实际绳径	比公称直径的减小量	钢丝绳的部位	程度	钢丝绳的部位	程度[a]	钢丝绳的部位	程度[c]	
	6*d*	30*d*											
检验人员的签名和盖章													

a RCN 是钢丝绳类型号码（见附表 1-1、附表 1-2 和附录 E）。

b 可用打勾表示。

c 损坏程度的表示：20%——轻微；40%——中等；60%——严重；80%——非常严重；100%——报废。

附 录 C

（资料性附录）

钢丝绳的内部检验

C.1 概述

从检验钢丝绳和将其从使用中报废所获得的经验表明，内部损伤是许多钢丝绳失效的首要原因，主要是由于腐蚀和正常疲劳的扩展所致。常规的外部检验可能发现不了内部损坏的程度，甚至到了濒临断裂的危险来临时也是如此。

内部检验应由主管人员进行。

各种股型的钢丝绳均能充分松开并允许对其内部情况作评估，但对粗钢丝绳的评估有困难。然而，配用于起重机的多数钢丝绳在零张力状态下就能进行内部检查。

正如本附录所推荐，钢丝绳的外观检验只能在钢丝绳有限的部位进行；全长检验应考虑采用经批准的无损检测。

C.2 程序

C.2.1 钢丝绳的一般检验

将两个适当尺寸的夹钳以一定的间隔距离牢固地夹到钢丝绳上，朝着与钢丝绳捻向相反的方向对夹钳施加一个力，外层的绳股就会散开并脱离绳芯［见图 C.1（*a*）］。

在打开过程中要特别注意不要使夹钳绕钢丝绳外围打滑，各绳股的位移也不宜太大。

当钢丝绳稍微拧开的时候，可用一个小试探物，例如一把螺丝刀清除可能妨碍钢丝绳的内部观测的油脂或碎片。

应观测下列各项：

——内部润滑状态；

——腐蚀程度；

——由于挤压或磨损引起的钢丝损坏的痕迹；

——有无断丝（这些不一定容易发现）。

检验之后，在拧开部位放入一些维修油膏，以适度的力量转动夹钳，确保绳股在绳芯周围准确复位。

移去夹钳并在钢丝绳外表面涂以润滑脂。

C.2.2 对邻近绳端的钢丝绳段的检验

检查钢丝绳的这些部位，只要使用单个夹钳就足够了。因用接头锚固装置或用销轴适当地穿过绳端尾部就能保证第二端不动［见图 C.1（*b*）］。实施检验按 C.2.1。

(*a*)

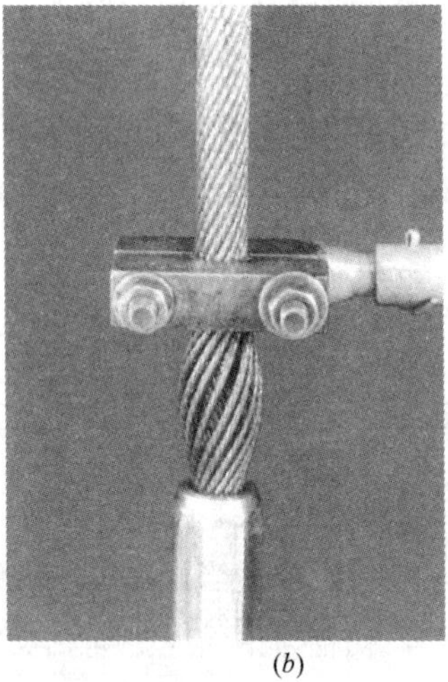

(*b*)

图 C.1　内部检验

(*a*)钢丝绳的连续绳段(零张力)；(*b*)紧靠终端固定装置的钢丝绳绳端(零张力)

C.3 应检验的部位

由于对钢丝绳全长都作内部检验是不切实际的，所以应选择适当的绳段进行检验。

对于缠绕在卷筒或绕过滑轮或导轮的钢丝绳，建议在起重机处于承载状态时检验与滑轮绳槽啮合的绳段。应检验冲击力集中的那些局部区域（即靠近卷筒和臂架导向滑轮的区域），特别是长期暴露在露天中的那些绳段。

应注意靠近绳端的区域，特别重要的是固定钢丝绳的情况，例如支持绳或悬挂绳。

附　录　D

（资料性附录）

钢丝绳可能出现的缺陷

表 D. 1 列出了钢丝绳可能出现的缺陷以及相应的报废标准。图 D. 1～图 D. 20 展示了每种缺陷的典型示例。

可能出现的缺陷和相应的报废标准　　　　**表 D. 1**

缺陷照片号	缺　　陷	对应本标准的章条
D. 1	钢丝挤出	3.5.11.5
D. 2	单层股钢丝绳绳芯挤出	3.5.11.4
D. 3	钢丝绳直径局部减小（绳股凹陷）	3.5.7
D. 4	绳股挤出/扭曲	3.5.11.4
D. 5	局部压扁	3.5.11.7
D. 6	扭结（正向）	3.5.11.8
D. 7	扭结（逆向）	3.5.11.8
D. 8	波浪形	3.5.11.2
D. 9	笼状畸变	3.5.11.3
D. 10	外部磨损	3.5.8
D. 11	外部磨损放大图	3.5.8
D. 12	外部腐蚀	3.5.10.2
D. 13	外部腐蚀放大图	3.5.10.2
D. 14	表面断丝	3.5.2
D. 15	谷部断丝	3.5.2
D. 16	阻旋转钢丝绳内部的绳股突出	3.5.11.4
D. 17	由于绳芯扭曲变形使局部的钢丝绳直径增大	3.5.11.6
D. 18	扭结	3.5.11.8
D. 19	局部压扁	3.5.11.7
D. 20	内部腐蚀	3.5.10.3

图 D.1　钢丝挤出

图 D.2　单层股钢丝绳绳芯挤出

图 D.3　钢丝绳直径局部减小（绳股凹陷）

图 D.4 绳股挤出/扭曲

图 D.5 局部压扁

图 D.6 扭结（正向）

图 D.7　扭结（逆向）

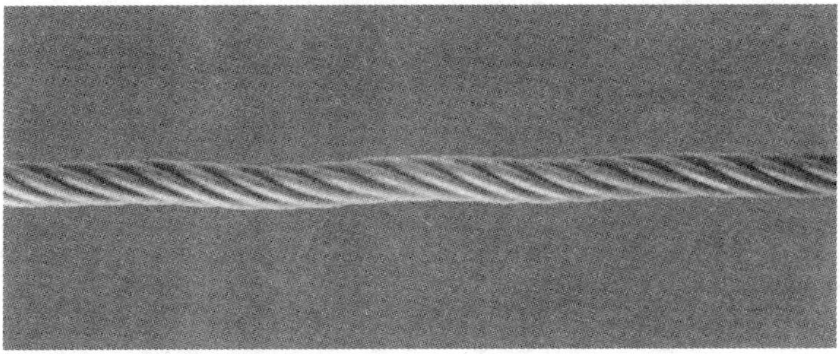

图 D.8　波浪形

图 D.9　笼状畸变

图 D.10　外部磨损

图 D.11　外部磨损放大图

图 D.12　外部腐蚀

图 D.13　外部腐蚀放大图

图 D.14　表面断丝

图 D.15　谷部断丝

图 D.16　阻旋转钢丝绳内部的绳股突出

图 D. 17　由于绳芯扭曲变形使局部的钢丝绳直径增大

图 D. 18　扭结

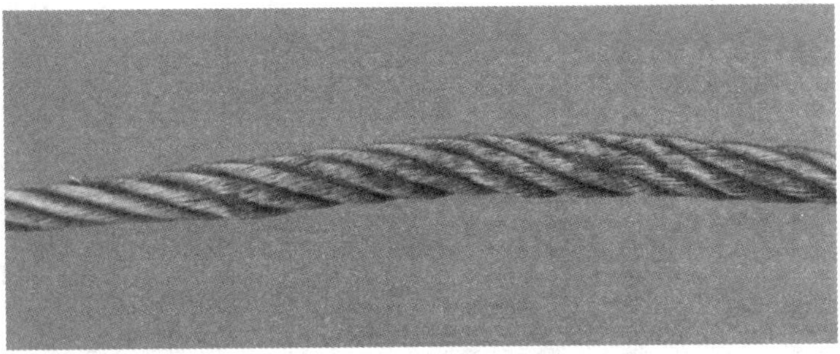

图 D.19　局部压扁

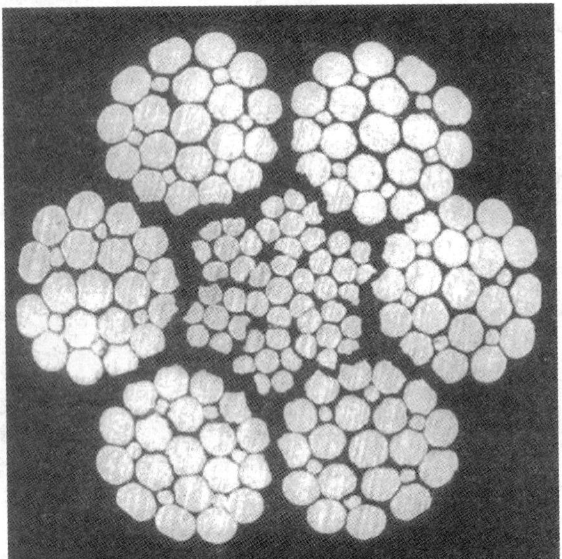

图 D.20　内部腐蚀

附　录　E

（资料性附录）

钢丝绳横截面示例及相应的种类编号（RCN）

结构：6×7-FC　单层股钢丝绳 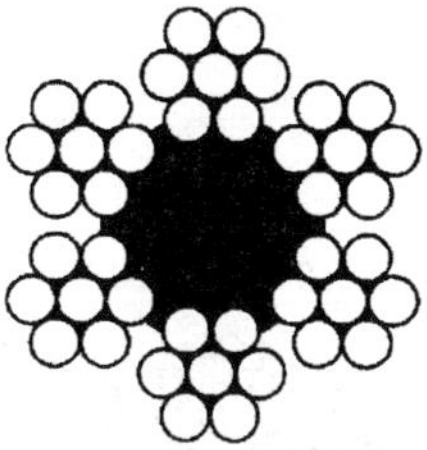 RCN. 01	结构：6×19S-IWRC　单层股钢丝绳  RCN. 02
结构：6×19M-WSC　单层股钢丝绳 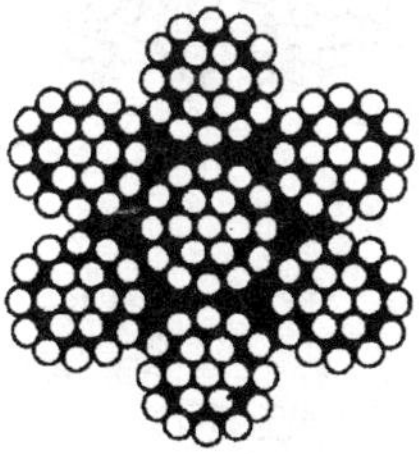 RCN. 04	结构：6×25F-IWRC　单层股钢丝绳 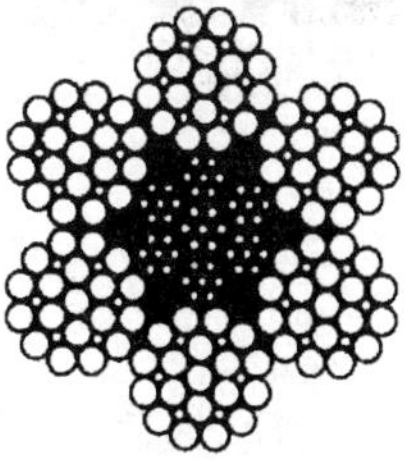 RCN. 04
结构：6×25TS-IWRC　单层股钢丝绳  RCN. 04	结构：6×36WS-IWRC　单层股钢丝绳 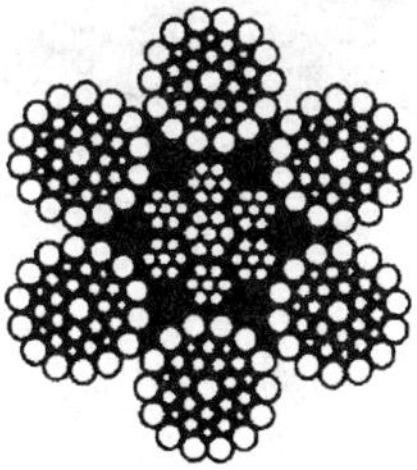 RCN. 09

结构：6×41WS-IWRC

单层股钢丝绳

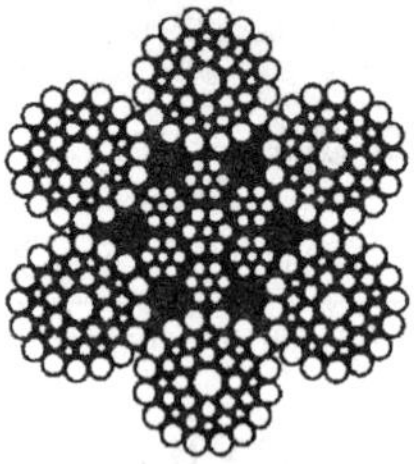

RCN. 11

结构：6×37M-IWRC　单层股钢丝绳

RCN. 10

结构：8×19S-IWRC　单层股钢丝绳

RCN. 04

结构：8×25F-IWRC　单层股钢丝绳

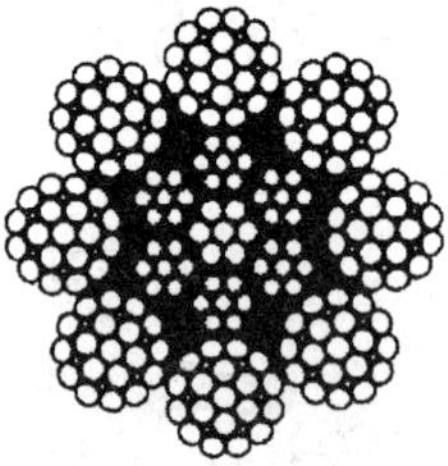

RCN. 06

结构：8×19S-PWRC

平行捻密实钢丝绳

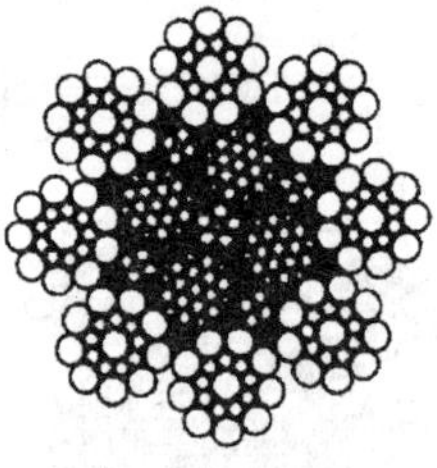

RCN. 04

结构：8×K26WS-IWRC

单层压实股钢丝绳

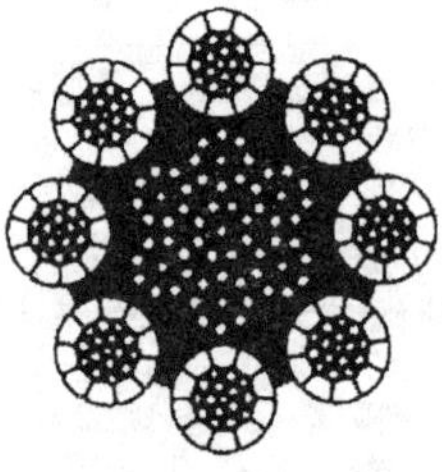

RCN. 09

结构：4×K26WS

单层/阻旋转压实股钢丝绳

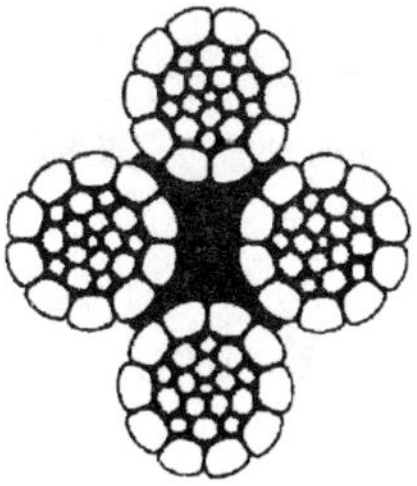

RCN. 22

结构：6×K26WS-IWRC

单层压实股钢丝绳

RCN. 06

结构：6×K36WS-IWRC

单层压实股钢丝绳

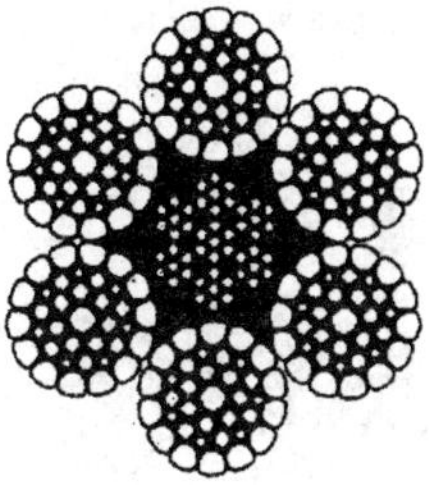

RCN. 09

结构：8×K26WS-PWRC

平行捻密实压实股钢丝绳

RCN. 09

结构：8×K19S-WSC 或 19×K19S

阻旋转压实股钢丝绳

RCN. 23

结构：4×K29F

单层股钢丝绳/阻旋转钢丝绳

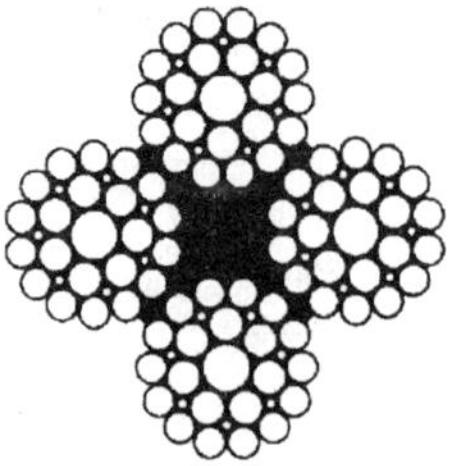

RCN. 21

结构：K3×40

单层压实（锻打）钢丝绳/

阻旋转压实（锻打）钢丝绳

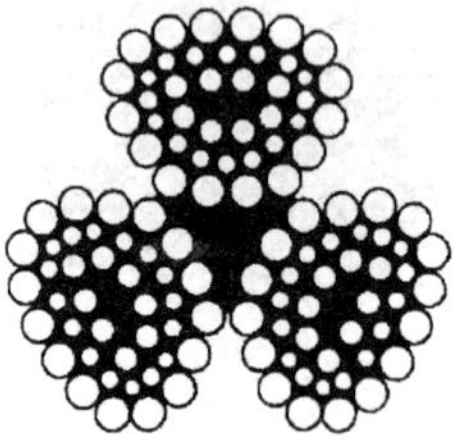

RCN. 22

结构：K4×40

单层压实（锻打）钢丝绳/

阻旋转压实（锻打）钢丝绳

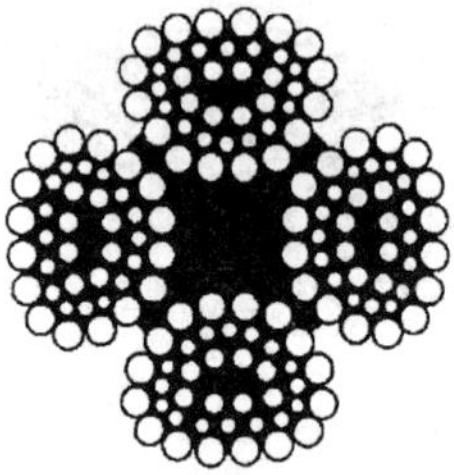

RCN. 22

结构：K3×48

单层压实（锻打）钢丝绳/

阻旋转压实（锻打）钢丝绳

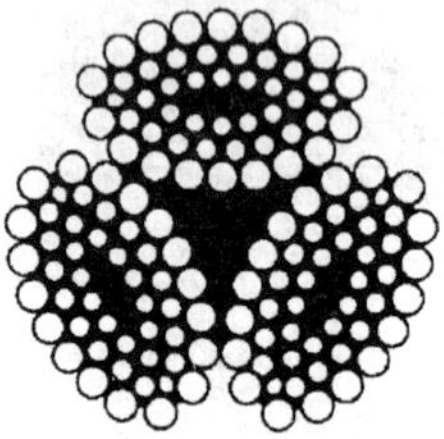

RCN. 22

结构：K4×48

单层压实（锻打）钢丝绳/

阻旋转压实（锻打）钢丝绳

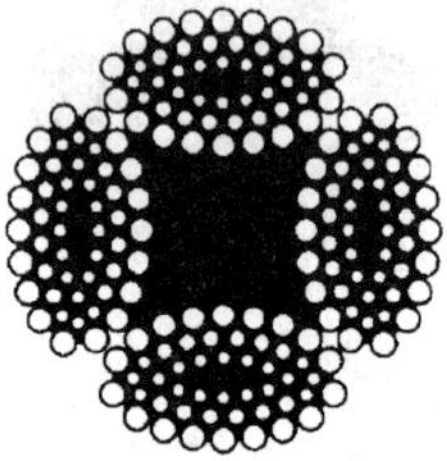

RCN. 22

结构：17×7-FC

阻旋转钢丝绳

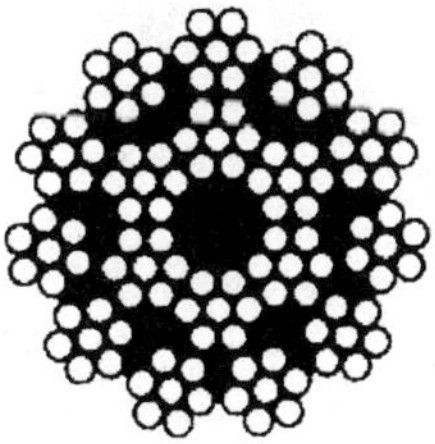

RCN. 23

结构：18×7-WSC 或 19×7

阻旋转钢丝绳

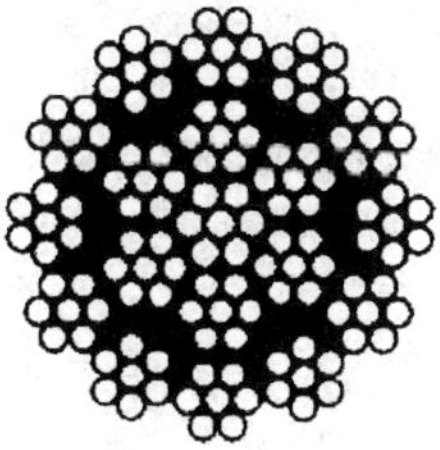

RCN. 23

结构：34(W)×7-WSC 或 35(W)×7

阻旋转钢丝绳

RCN. 23

结构：12×P6：3×Q24

阻旋转钢丝绳（典型）

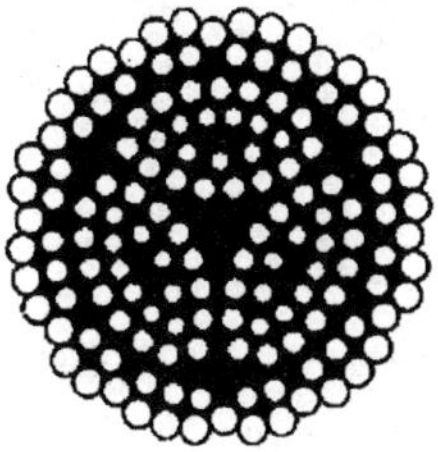

RCN. 23

结构：39（W）×7-WSC

阻旋转钢丝绳

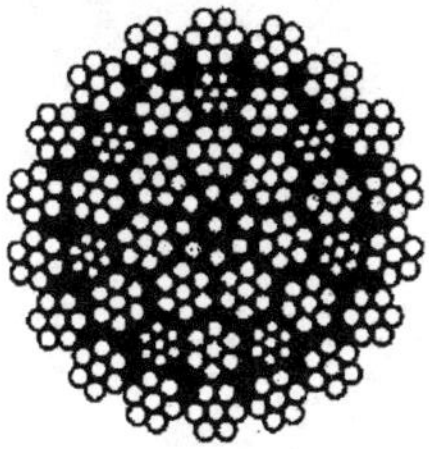

RCN. 23

结构：34（W）×K7-WSC

阻旋转压实股钢丝绳

RCN. 23

结构：39（W）×K7-KWSC 阻旋转压实股钢丝绳  RCN. 23	

附录 3

建筑起重机械司机（施工升降机）安全技术考核大纲（试行）

1 安全技术理论

1.1 安全生产基本知识

1.1.1 了解建筑安全生产法律法规和规章制度

1.1.2 熟悉有关特种作业人员的管理制度

1.1.3 掌握从业人员的权利、义务和法律责任

1.1.4 熟悉高处作业安全知识

1.1.5 掌握安全防护用品的使用

1.1.6 熟悉安全标志、安全色的基本知识

1.1.7 了解施工现场消防知识

1.1.8 了解现场急救知识

1.1.9 熟悉施工现场安全用电基本知识

1.2 专业基础知识

1.2.1 了解力学基本知识

1.2.2 了解电工基础知识

1.2.3 熟悉机械基础知识

1.2.4 了解液压传动知识

1.3 专业技术理论

1.3.1 了解施工升降机的分类、性能

1.3.2 熟悉施工升降机的基本技术参数

1.3.3 熟悉施工升降机的基本构造和基本工作原理

1.3.4 掌握施工升降机主要零部件的技术要求及报废标准

1.3.5 熟悉施工升降机安全保护装置的结构、工作原理和使用要求

1.3.6 熟悉施工升降机安全保护装置的维护保养和调整（试）方法

1.3.7 掌握施工升降机的安全使用和安全操作

1.3.8 掌握施工升降机驾驶员的安全职责

1.3.9 熟悉施工升降机的检查和维护保养常识

1.3.10 熟悉施工升降机常见故障的判断和处置方法

1.3.11 了解施工升降机常见事故原因及处置方法

2 安全操作技能

2.1 掌握施工升降机操作技能

2.2 掌握主要零部件的性能及可靠性的判定

2.3 掌握安全器动作后检查与复位处理方法

2.4 掌握常见故障的识别、判断

2.5 掌握紧急情况处置方法

附录 4

建筑起重机械司机（施工升降机）安全操作技能考核标准（试行）

1 施工升降机驾驶

1.1 考核设备和器具

1.1.1 施工升降机 1 台或模拟机 1 台，行程高度 20m；

1.1.2 其他器具：计时器 1 个。

1.2 考核方法

在考评人员指挥下，考生驾驶施工升降机上升、下降各一个过程；在上升和下降过程中各停层一次。

1.3 考核时间

20min。

1.4 考核评分标准

满分 60 分。考核评分标准见附表 D-1。

考核评分标准 **附表 D-1**

序号	扣　分　项　目	扣分值
1	启动前，未确认控制开关在零位的	5 分
2	作业前，未发出音响信号示意的	5 分/次
3	运行到最上层或最下层时，触动上、下限位开关的	5 分/次
4	停层超过规定距离±20mm 的	5 分/次
5	未关闭层门启动升降机的	10 分
6	作业后，未将梯笼降到底层、未将各控制开关拨到零位的、未切断电源的、未闭锁梯笼门的	5 分/项

2 故障识别判断

2.1 考核设备和器具

2.1.1 设置简单故障的施工升降机或图示、影像资料；

2.1.2 其他器具：计时器1个。

2.2 考核方法

由考生识别判断施工升降机或图示、影像资料设置的二个简单故障。

2.3 考核时间

10min。

2.4 考核评分标准

满分15分。在规定时间内正确识别判断的，每项得7.5分。

3 零部件判废

3.1 考核器具

3.1.1 施工升降机零部件实物或图示、影像资料（包括达到报废标准和有缺陷的）；

3.1.2 其他器具：计时器1个。

3.2 考核方法

从施工升降机零部件实物或图示、影像资料中随机抽取2件（张、个），由考生判断其是否达到报废标准并说明原因。

3.3 考核时间

10min。

3.4 考核评分标准

满分15分。在规定时间内正确判断并说明原因的，每项得7.5分；判断正确但不能准确说明原因的，每项得4分。

4 紧急情况处置

4.1 考核设备和器具

4.1.1 设置施工升降机电动机制动失灵、突然断电、对重出轨等紧急情况或图示、影像资料；

4.1.2 其他器具：计时器1个。

4.2 考核方法

由考生对施工升降机电动机制动失灵、突然断电、对重出轨等紧急情况或图示、影像资料中所示的紧急情况进行描述，并口述处置方法。对每个考生设置一种。

4.3 考核时间

10min。

4.4 考核评分标准

满分10分。在规定时间内对存在的问题描述正确并正确叙述处置方法的，得10分；对存在的问题描述正确，但未能正确叙述处置方法的，得5分。